天津市普通高等学校本科教学改革与质量建设研究计划项目（编号：B201006604）

教育部–华为产学合作协同育人项目（编号：201802001027）

华为云

从入门到实战

张建勋　刘航 ◎ 编著

清华大学出版社

北京

内 容 简 介

本书以工作任务为导向,以理论与实践相结合的方式,循序渐进地介绍了华为云服务领域中的常见服务,全面、系统地介绍了华为公有云计算、存储、网络和安全服务的相关概念和理论基础,并通过云服务典型工作任务部署由浅入深地介绍了华为云的应用和实践。全书共 10 章,分别介绍云服务概述、公有云搭建 Web 应用、负载均衡服务、RDS 备份与恢复、存储容灾服务、云容器服务、企业主机安全服务、云速建站服务、AI 开发 ModelArts 入门以及 Web 应用防火墙服务。书中每一个云服务都有相应的任务部署和应用实例。

本书主要面向从事公有云服务规划、运维和开发的工程技术专业人员,全国高等学校师生及相关领域的工程技术人员。

图书在版编目(CIP)数据

华为云从入门到实战/张建勋,刘航编著.—北京:清华大学出版社,2022.1(2023.1重印)
ISBN 978-7-302-58691-3

Ⅰ.①华…　Ⅱ.①张…②刘…　Ⅲ.①互联网络—网络服务器　Ⅳ.①TP368.5

中国版本图书馆 CIP 数据核字(2021)第 142618 号

责任编辑:陈景辉
封面设计:刘　键
责任校对:胡伟民
责任印制:朱雨萌

出版发行:清华大学出版社
　　　　网　　　址:http://www.tup.com.cn,http://www.wqbook.com
　　　　地　　　址:北京清华大学学研大厦 A 座　　　邮　　编:100084
　　　　社 总 机:010-83470000　　　　　　　　　　邮　　购:010-62786544
　　　　投稿与读者服务:010-62776969,c-service@tup.tsinghua.edu.cn
　　　　质量反馈:010-62772015,zhiliang@tup.tsinghua.edu.cn
　　　　课件下载:http://www.tup.com.cn,010-83470236
印 装 者:三河市君旺印务有限公司
经　　销:全国新华书店
开　　本:186mm×240mm　　印　张:16　　　　字　　数:375 千字
版　　次:2022 年 1 月第 1 版　　　　　　　　　　印　　次:2023 年 1 月第 4 次印刷
印　　数:4001~5500
定　　价:59.90 元

产品编号:090359-01

PREFACE 前言

　　当前社会已经进入人工智能时代,云计算作为推动人工智能技术快速发展、服务社会经济、人才培育保障的重要引擎,已然上升到国家科技战略高度。随着人工智能、大数据、云计算技术的紧密融合发展,云服务的广度和深度得到进一步的延伸。公有云是云计算部署方式的一种,公有云服务作为扩大云计算服务战略的推手,其公有云使用、运维和虚拟化技术专门人才是制约云计算发展的重要因素。随着企业上云趋势的发展,新的IT角色出现,传统IT领域的系统管理员、存储管理员、网络管理员、安全管理员等逐渐退出历史舞台,取而代之的是云管理员、云架构师、自动化运维工程师、开发与运维合而为一的新的职位角色。这对"以就业为导向"的应用型本科人才培养提出了严峻挑战。因此,如何应对ICT领域新的发展变化,适应ICT人才能力模型的转变,如何创新网络工程教育教学模式,开发适应新兴ICT职业专业课程已然成为应用型人才培养教学改革的迫切需求。

　　本书主要内容

　　本书主动适应ICT领域人才需求的变化,以服务云计算新兴职业为宗旨,以工作任务为导向,非常适合对公有云运维开发服务感兴趣的读者学习。读者可以在短时间内完成华为公有云服务从入门到精通的学习过程。

　　作为关于云服务入门的书籍,共有10章。

　　第1章介绍了云计算和云服务基础知识,主要包括云计算的概念和特征、云计算的技术模式和部署模式、云服务的概念、分类、架构及产品,最后介绍了云服务产业的发展趋势。

　　第2章以公有云搭建Web应用为任务案例,介绍了华为公有云VPC相关知识及其创建、ECS相关知识及其创建、云数据库(RDS)相关知识及其创建、云服务器搭建Nginx＋PHP环境、WrodPress博客系统的搭建等内容,重点介绍ECS、VPC及云数据库(RDS)服务的部署和应用。

　　第3章主要介绍了弹性负载均衡服务的相关内容,包括弹性负载均衡服务的原理、组件和主要类型,云硬盘与镜像服务的基本概念;然后,以实际应用案例讲解弹性负载均衡服务的部署,重点介绍弹性负载均衡的三大组件,弹性负载均衡器、监听器和后台服务器组的配置、部署和应用。最后介绍了弹性IP的解绑定与绑定应用。

　　第4章主要介绍云数据库(RDS)的备份与恢复服务,包括数据备份的概念、方式和类型等基本概念；然后以博客系统后台备份任务为案例，介绍了云关系数据库服务的备份、恢复部署与实现。

第 5 章介绍存储容灾服务相关内容，详细介绍了容灾的概念、分类及指标；重点介绍了华为云存储容灾服务的基本原理、容灾切换和演练的基本原理；最后以 OA 自动化系统的容灾任务为案例，详细介绍了 SDRS 的部署和应用。

第 6 章主要介绍了云容器相关内容，主要包括容器的基本概念和原理、Docker 技术的架构原理以及容器与虚拟化技术的比较等内容，重点介绍华为云容器服务中云容器引擎和云容器实例的应用和部署，最后以 WordPress 应用为工作负载介绍了应用编排服务 AOS 的应用和部署。

第 7 章主要介绍了云安全中的主机安全服务相关内容，包括主机安全服务的基本概念、架构，重点介绍了主机安全服务的部署和配置相关内容。

第 8 章主要介绍了华为云的云速建站服务，以部署实施电商网站为任务案例，介绍了云速建站模板、域名、网站后台、网站前台的相关配置和实现，最后介绍了手机版网页的制作及网站数据库的备份与恢复操作内容。

第 9 章主要介绍了 AI 开发中的 ModelArts 相关内容，介绍了华为云一站式 AI 开发平台（ModelArts）的概念、架构和 AI 的开发基本流程；介绍了对象存储服务 OBS 的基本概念，最后以"找云宝"任务为案例，介绍了 ModelArts 从数据准备、模型训练到模型部署的全过程。

第 10 章主要介绍了云安全服务中的 Web 应用防火墙（WAF）相关内容，包括 WAF 的功能、原理及检测机制；域名服务的应用和部署。重点介绍了 WAF 服务的独享部署和云模式部署应用，最后以 DVWA 渗透测试平台为案例，测试了 WAF 的 Web 基础防护、CC 防护以及黑白名单配置等相关内容。

本书特色

（1）以工作任务为导向，精准定位市场人才需求，突出部署和应用。

（2）项目实战案例丰富，涵盖公有云九大服务领域，呈现完整的项目案例。

（3）理论与实践相结合，既关注云的基础理论知识，又强调实战应用。

（4）遵循职业养成规律，精心设计学习情境，促成新手到专家的蜕变。

配套资源

为便于教学，本书配有数据集、安装程序、教学课件、教学大纲、授课计划、习题答案、实验指导书。

（1）获取数据集、安装程序、部分网址方式：先扫描本书封底的文泉云盘防盗码，再扫描下方二维码，即可获取。

（2）其他配套资源可以扫描本书封底的"书圈"二维码下载。

数据集　　　　　　　　　　安装程序　　　　　　　　　部分网址

读者对象

　　本书适合作为全国高等学校计算机、网络工程和其他相关专业的"华为云服务"课程的新工科教材，也主要面向从事公有云服务规划、运维和开发的工程技术专业人员，从事高等教育的专任教师、高等学校的在读学生及相关领域的广大工程技术人员作为参考用书。

　　本书的开发得到了华为公司魏溶女士和毕天志先生的大力支持，全书由张建勋修改定稿，李昭政、鲍英、刘航、赵燕华和田光玉参与了本书部分实验和教学资源的开发工作。此外，本书的编写还参考了诸多相关资料，在此表示衷心的感谢。本书也得到了天津市普通高等学校本科教学改革与质量建设研究计划项目(B201006604)和教育部-华为产学合作协同育人项目(201802001027)的支持。

　　限于编者水平和时间仓促，书中难免存在疏漏之处，欢迎读者批评指正。

编　者

2021 年 10 月

CONTENTS 目录

第1章 云服务概述

云计算被视为信息时代的第三次技术革命浪潮,对经济、科技和安全产生了重大影响,在世界范围内带来工作方式和商业模式的根本性改变。云计算的定义和起源众说纷纭,说法不一,本章从用户的角度和技术的角度对云计算定义进行了解读,简述了云计算的特征、技术模式和部署模式。在此基础上,从华为云服务的类型、架构、产品带领读者跨入华为云服务的殿堂。

通过本章,您将学到:

(1) 云计算技术的定义;

(2) 云计算技术的特征及分类;

(3) 云计算技术的部署模式;

(4) 云服务的架构及相关产品。

伴随技术发展和应用推进,云计算高效便捷、灵活扩展的优势愈发突显。在国家新型基础设施建设发展规划的驱动下,云计算作为"新基建"的底座,更是为数字经济按下了"快进键"。云计算的概念最初由谷歌公司的首席执行官埃里克·施密特于 2006 年提出,之后谷歌公司据此发起了让高校学生参与到云的开发过程中的"谷歌 101 计划",在此计划的推动下开启了云计算的技术浪潮。在云计算的概念提出后不久,亚马逊(Amazon)公司就正式推出了 EC2 云计算服务模式,进而开启了云计算的商业模式,从此云计算技术开始走向成熟。各大 Internet 公司相继推出了自己的云计算服务,如苹果公司的 iCloud、谷歌公司的 App Engine、亚马逊公司的 S3 和 EC2、阿里云、腾讯云、华为云、UCloud 等均属于云计算服务。

1.1 云计算

1.1.1 云计算概念

目前关于云计算的定义有很多种说法,比较权威且被广泛认可的来自美国国家标准与技术研究院(NIST)。该定义指出,云计算是一种按使用量付费的模式,它可以随时随地、随需应变地从可配置的共享资源池中获取所需资源,同时资源能够快速地供应并释放,使管理资源的工作量和服务提供商的交互减小到最低程度。

从用户的角度看,云计算就是指通过网络以按需、付费使用以及易扩展的方式获得所需的服务,这种服务自然带有 Internet 服务的特征,但是也有其自己的特点,形成了新的商业模式,如按需使用、多租户共同使用等特征。从技术的角度看,云计算平台是一种新的计算资源的使用和管理思路。云计算是分布式计算、并行计算和网格计算的进一步发展,是这些计算机科学概念的商业化实现。

1.1.2　云计算特征

云计算模式具有 5 个典型的基本特征,包括按需自助服务、广泛的网络访问、共享的资源池、快速弹性能力以及可度量的服务。

(1) 按需自助服务(On-demand Self-service):消费者可以按需部署处理能力。如服务器实现网络存储,不需要与每个服务供应商进行人工交互。

(2) 广泛网络接入(Broad Network Access):可以通过 Internet 获取各种能力,并通过标准方式访问,以通过各种客户端接入使用,例如手机、计算机等。

(3) 资源池化(Resource Pooling):云计算供应商的计算、存储、网络等资源被集中共享为资源池,以便以多用户租用模式服务所有客户,同时不同的物理和虚拟资源可根据客户需求动态分配和重新分配。

(4) 快速弹性伸缩(Rapid Elasticity):云计算具备可以迅速、弹性地提供用户所需的计算、存储和网络资源的能力,能够实现快速扩展,也可以通过快速释放实现快速缩小。

(5) 可度量的服务(Measured Service):云计算的服务能力的收费是可度量的,能够实现基于度量的一次一付,或基于云供应商所宣称的包月付费模式,以促进资源的优化利用。

1.1.3　云计算的技术模式

云计算的技术模式主要分成两种:"以大分小"模式和"以小聚大"模式。

(1) 以大分小模式:亚马逊公司的云计算模式即是以大分小模式,该模式的特征是利用硬件虚拟化技术,形成统一的共享资源池,包括计算、存储和网络等资源,系统可以根据用户的需求动态分配资源,从而提高资源的利用率,降低硬件投资成本,主要适合于华为云平台提供商面向中小型租赁用户使用。

(2) 以小聚大模式:谷歌公司的云计算模式即是以小聚大模式,该模式的特征在于整个系统依赖于分布式存储系统、并行编程模型和线性的水平扩展能力,使得整个系统整体形成一个超大规模的计算系统,非常适合海量数据存储、检索、统计、挖掘和分析。该模式适合于大型 Internet 公司应用。

1.1.4　云计算的部署模式

一般根据应用程序部署、数据和基础架构托管等特征,将云计算模式分成 4 类:私有云、公有云、混合云和行业云。

从云计算部署的位置来说,公有云主要是将业务部署在云端,数据和基础架构采用全托管模式;私有云将业务部署在本地机房,数据和基础架构由所属机构管理;混合云是指企业把业务混合使用私有云和公有云资源,数据和基础架构部分托管,部分由所属机构管理;行业云专为特定社区功能而设计,允许社区用户之间相互协作,发挥特定业务托管模式的优势。

从云计算的权属来说,公有云一般由云服务提供商提供给外部用户服务,并按需收费;私有云一般仅提供给企业内部用户使用;行业云是由共同利益且准备使用共享基础设施的企业或机构等组织创立的云;混合云是基于任意两种(或两种以上)的云服务且统一进行管理。因此,对私有云、公有云、混合云和行业云进行区分和定义的关键在于云的服务对象。

对于企业来说,其业务采用哪种部署模式主要考虑企业传统业务如何提升能力和效率,也要考虑如何支撑企业业务创新。对云服务的诉求,需要兼顾传统业务的云化,也希望能跟进最新的技术进行业务创新。另外,企业业务云化的过程是渐进的过程,不是一蹴而就、一刀切就能够完成的。因此,客观上要求企业的业务平台既能够保护现有的投资,又能够保障业务的平滑上云,按照企业的发展要求提供一个灵活的选择,因此,私有云+公有云的混合云形式是当前企业业务部署的最多选择。无论公有云还是私有云,都要能够提供统一的服务,向用户提供统一的服务体验和保障,提供满足企业行业业务对性能、灵活扩展、安全可靠、创新等一系列诉求。长期发展来看,混合云将是未来相当长一段时间内大多数企业实现云化的最终形态,因为不是所有的公有云服务都能够满足企业的计算需求,例如对配置和性能要求较高的大数据分析业务,这类业务更适合直接在物理机上运行。同样,对于业务部门和 IT 部门而言,也将长期面临复杂的多云环境的业务管理和运维。

1.2　云服务

云计算在快速发展过程中逐渐形成了不同的服务模式(Service Model)。根据云计算最终服务的交付形态主要分为 3 种类型,软件即服务、平台即服务与基础架构即服务。从根源上来说,云计算的服务模式来源于面向服务的架构 SOA(Service-Oriented Architecture)。所谓 SOA,就是一种架构设计模式,其核心是一切以服务为中心,不同的应用之间通信协议都以某种服务的方式定义和完成。在云中部署应用和服务的微服务架构其本质也是由 SOA 演变而来。

1.2.1　云服务概念及分类

云服务一般主要是指华为云提供商所能提供的云计算服务。从用户的角度来说,主要是指用户通过 Internet 获取云计算资源的一系列服务。

随着企业数字化、智能化发展的加速,诸如远程办公、在线教育、网上展会、远程医疗等应用数量激增,企业自身数据量爆发式的增长,我国华为云服务步入发展快车道。华为云已逐渐成为云计算的代名词。华为云主要有以下特点。

(1) 完整的云解决方案,只使用一个或多个云供应商的云服务即可完成生产环境部署。

(2) 所有服务(例如业务系统和操作系统)的功能模块都位于云托管环境中。

（3）支持按需付费，不用关注物理硬件的故障问题，解放生产力。

云服务的类型如图 1-1 所示。云计算按服务类型为划分依据，云服务可分为 IaaS（基础设施即服务）、PaaS（平台即服务）和 SaaS（软件即服务）3 种类型。IaaS 主要提供计算、存储、网络等基础服务，如弹性云服务器（ECS）等；SaaS 主要提供应用运行、开发环境和应用开发组件，如语音识别、数据库服务等；PaaS 主要通过 Web 界面提供软件的相关功能，如 Office 365。IaaS 和 SaaS 面向的对象是企业或者是用户，而 PaaS 面向的对象是开发者。

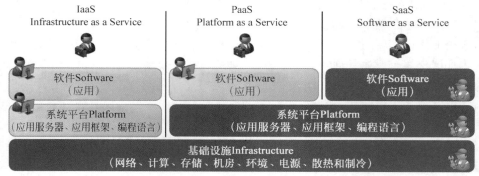

图 1-1　云服务的类型

1.2.2　云服务架构

本小节以华为云服务为例，介绍云服务的架构。华为云采用基于 OpenStack 的开源架构，主要分为 4 个层次，包含物理资源层、虚拟资源层、基础设施服务层和 P/S 产品层（Platform/Service 产品层）。华为云的基础架构如图 1-2 所示。

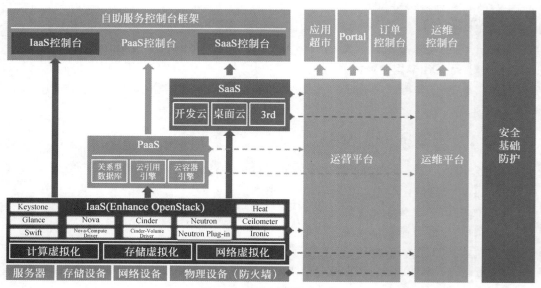

图 1-2　华为云的基础架构

（1）物理资源层：主要包含服务器、存储设备、网络设备、物理设备（如防火墙）。

（2）虚拟资源层：将物理资源层的资源大部分虚拟化、逻辑化，主要包含计算虚拟化、存储虚拟化、网络虚拟化。

（3）基础设施服务层：包含 Nova（计算）、Cinder（存储）、Neutron（网络）、Keystone（身份验证）、Glance（镜像）、Swift（对象存储）、Heat（自动化编排）、Ceilometer（监控）、Ironic（裸机部署）等。

（4）P/S 产品层：包含关系型数据库、云应用引擎、云容器引擎、开发云、云桌面等。

1.2.3 云服务产品

云服务产品作为云服务的核心智能资源和重要驱动引擎，具有带动性极强的"头雁效应"。以华为公司为例，华为云服务全景图如图 1-3 所示。华为云作为领先的云服务品牌，致力于提供稳定可靠、安全可信、可持续创新的云服务，主要包括计算服务、存储服务、网络服务、安全服务、数据库服务等。截至 2021 年 1 月，华为快速迭代，不断增强服务，华为云服务产品现有 18 类，近 210 种云服务产品，共分为基础服务、EI 企业智能、开发者、安全、企业应用和 IoT 物联网六个模块。

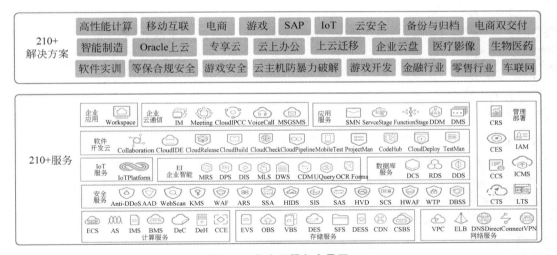

图 1-3 华为云服务全景图

1. 计算云服务——弹性云服务器

弹性云服务器（Elastic Cloud Server，ECS）是指由 CPU、内存、镜像、云硬盘组成的一种可随时获取、弹性可扩展的云服务器，具备稳定可靠、安全保障、软硬结合、弹性伸缩的特点。通过与其他云服务产品组合，打造可靠、安全、灵活、高效的应用环境，可实现计算、存储、网络、镜像安装等功能，从而确保服务持久稳定运行，提升运维效率。

2. 计算云服务——弹性伸缩

弹性伸缩(Auto Scaling,AS)是指根据用户的业务需求,通过策略自动调整其业务资源的服务,具有自动扩容、均分实例、自动通知的功能特性,可降低人为反复调整资源以应对业务变化和高峰压力的工作量,帮助节约资源和人力成本。

3. 计算云服务——镜像服务

镜像服务(Image Management Service,IMS)是指提供镜像自助管理功能的服务,具备安全、便捷、统一、灵活的优势。镜像服务主要包括公共镜像、私有镜像和共享镜像等几种,用户可以通过镜像服务申请弹性云服务器和裸金属服务器。同时,用户还可以通过已有的云服务器或使用外部镜像文件创建私有镜像。

4. 存储服务——云硬盘服务

云硬盘服务(Elastic Volume Service,EVS)是一种基于分布式架构的,可弹性扩展的虚拟块存储服务,具备高可靠、高性能、大容量、规格丰富和易用性好的优点。按照I/O高低分为三种类型:包括普通I/O、高I/O和超高I/O。

5. 存储服务——云硬盘备份服务

云硬盘备份服务(Volume Backup Service,VBS)即租户可为云硬盘(EVS)创建备份并利用备份数据恢复云硬盘,最大限度保障用户数据的安全性和正确性,确保业务安全。具有安全可靠、简单易用、经济实惠的特性。VBS支持针对云硬盘的本地或异地备份,可手工备份或基于策略周期性备份,但仅能进行本地恢复,不支持异地恢复。

6. 存储服务——对象存储服务

对象存储服务(Object Storage Service,OBS)是一款稳定、安全、高效、易用的云存储服务,具备标准Restful API接口,可存储任意数量和形式的非结构化数据。OBS服务适合企业备份/归档、视频点播、视频监控等多种数据存储场景。对象存储服务是一个基于对象的、高可靠的海量存储服务,该服务基于5级可靠性架构实现数据的稳定存储和业务可靠性,具体包括介质可靠性、服务器可靠性、机柜可靠性、数据中心可靠性和区域可靠性。OBS通过可信云认证,实现数据的多重防护和授权管理,让数据存储安全放心。同时,OBS支持标准REST API、多版本SDK和数据迁移工具,让企业业务快速上云。

7. 存储服务——弹性文件服务

弹性文件服务(Scalable File Service,SFS)提供按需扩展的高性能文件存储,可供云上多个弹性云服务器(ECS)共享访问。弹性文件服务为用户提供一个完全托管的共享文件存储,能够弹性伸缩至PB规模,具备高可用性和持久性。适用于视频云场景,为高带宽、海量数据场景的应用提供文件存储。

8. 网络服务——虚拟私有云

虚拟私有云(Virtual Private Cloud,VPC)是用户在华为云上申请的隔离的、私密的虚拟网络环境。用户可以在VPC中按需划分子网、配置IP地址段、DHCP、自定义安全组以及配置路由表和网关等服务，方便地管理和配置网络，进行安全、快捷的网络变更。VPC之间通过隧道技术进行100％的隔离，不同VPC之间在默认情况下不能通信。在默认情况下，VPC与公网是不能通信访问的，用户可以通过申请弹性带宽和弹性IP、弹性负载均衡、NAT网关、虚拟专用网络、云专线等多种方式连接公网。

9. 网络服务——弹性负载均衡

弹性负载均衡(Elastic Load Balance，ELB)是将访问流量自动分发到多台云服务器，扩展应用系统对外的服务能力，实现更高水平的应用容错，通过消除单点故障提升应用系统的可用性。弹性负载均衡具有高性能、高可用、灵活扩展、简单易用的产品优势。

10. 网络服务——云专线

云专线(Direct Connect，DC)服务是一个建立连接本地数据中心和华为云的专线网络服务。用户可以利用云专线建立华为云与数据中心、办公室或主机托管区域的专线连接，降低网络时延，获得比Internet线路更好的网络体验。云专线服务主要包括物理连接、虚拟网关、虚拟接口3个组成部分，具有高安全、低时延、支持大带宽和资源无缝扩展的功能特点。

11. 网络服务——虚拟专用网络

虚拟专用网络(Virtual Private Network，VPN)是一种常用于连接中、大型企业或团体与团体间的私人网络的通信方法。它利用隧道协议(Tunneling Protocol)达到保密、发送端认证、消息准确性等私人消息安全效果，这种技术可以用不安全的网络(如Internet)发送可靠、安全的消息。需要注意的是，加密消息与否是可以控制的，如果是没有加密的虚拟专用网消息，就有被窃取的危险。VPN可通过服务器、硬件、软件等多种方式实现。

12. 云安全服务

云安全服务指用于保护云计算基础设施及其上业务系统和数据的信息安全服务。"云安全"是继"云计算""云存储"之后出现的"云"技术的重要应用，是传统IT领域安全概念在云计算时代的延伸，已经在反病毒软件中取得了广泛的应用，发挥了良好的效果。云安全是我国企业创造的概念，在国际云计算领域独树一帜。

13. 云监控服务

云监控服务(Cloud Eye)为用户提供一个针对弹性云服务器、带宽等资源的立体化监控平台。使用户全面了解华为云上的资源使用情况、业务的运行状况，并及时对收到的异常报警作出反应，保证业务顺畅运行。

14. 云数据库服务

云数据库服务(Relational Database Service，RDS)是关系型数据库服务的简称，是一种即开即用、稳定可靠、可弹性伸缩的在线数据库服务。具有多重安全防护措施和完善的性能监控体系，并提供专业的数据库备份、恢复及优化方案，使用户能专注于应用开发和业务发展。

15．API 网关

API(Application Programming Interface)是应用编程接口，API 网关(API Gateway)
是为企业开发者及合作伙伴提供的高性能、高可用、高安全的 API 托管服务，以及规范化、
标准化的 API，快速完成企业内部系统的解耦及前后端分离，帮助企业轻松构建、管理和部
署不同规模的 API。API 网关接收客户端的所有请求，并将请求路由到相应的后端服务，以
提供接口聚合和协议转换。通常，API 网关通过调用多个后端服务，并聚合结果的方式处理
请求，它可将 Web 协议转化为非 Web 的内部后台协议。

1.3　云服务发展趋势

总体来看，我国云服务市场总体保持高速增长态势，华为云市场将迎来突进式增长，特
别是在新基建背景下，我国云服务步入发展快车道。混合云市场增长空间巨大，2018 年，在
我国使用了云服务的企业中，采用混合云的企业仅占比 13.8%，远低于国际水平(60%)。
据中国信息通信研究院披露的数据显示，2019 年，我国云计算市场规模达 1334 亿元，同比
增长 38.6%，呈高速增长态势。预计到 2021 年底，中国云计算市场规模将超过 2800 亿元。
从细分行业看，除 PaaS 国内市场增速放缓外，IaaS 市场规模呈稳定增长态势，增速领先全
球水平。SaaS 国内市场规模维持高速增长态势，人工智能、机器学习等新兴热点技术未来
会率先应用到 SaaS 相对成熟的细分市场。云安全目前国内处于起步阶段，市场规模快速崛
起，人工智能、大数据等前沿技术促使云安全服务成趋势，云安全对企业的战略意义突显，并
走向一体化"云+端"立体防御。

云服务产业发展呈现如下发展趋势。

1．IaaS、PaaS 和 Saas 服务分层淡化，呈现融合发展趋势

从技术角度看，随着 API 调用越来越多，跨层应用越来越多，例如统计类工具，软件开
发工具包 SDK(Software Development Kit)部分是在 PaaS 层完成的，但后期的报表查看和
分析都是在网页端(SaaS 层)完成。目前，已经有 CaaS(Communications as a Service，通信
即服务)、BaaS(Backend as a Service，后端即服务)等不同概念，但这些概念并不能完全概括
云服务的全部，并未得到广泛应用。从商业角度看，每一层服务商都希望给用户更好的操作
体验和更全面的增值服务，这就导致云服务商主动向其他层渗透，不断有刚需性质的上层服
务成为下层标配，如数据库服务；也不断有下层服务集成打包升级为上层服务，如融合了
CDN(Content Delivery Network)、存储而又增加了美化等功能的视频云服务。

2．云端开发成软件行业主流并开始逐步商用

云端开发改革企业研发过程，打造出 DevOps 研发运维一体化生态圈。传统的本地软
件开发模式资源维护成本高、开发周期长、交付效率低，严重制约了企业的创新发展。通过
采用云端部署开发平台进行软件全生命周期管理，能够加速构建开发、测试、运行环境，规范
开发流程和降低成本，提升研发效率和创新水平，已逐渐成为软件行业新主流。

软件开发一体化云平台逐步商用，目前业界顶尖的软件企业均致力于软件开发云的建

设和商用,陆续推出集成需求管理、架构设计、配置管理、代码开发、测试、部署、发布、反馈、运维等全自动化的 DevOps 持续交付云平台,给用户带来一站式云端软件交付新体验,并将软件定制化服务深入到企业应用场景,帮助企业在提升软件开发效率的同时专注于业务创新。

3. 多种数字化技术助推智能云建设

多种数字化技术融合发展,降低企业智能化应用门槛。伴随企业数字化转型的加速,越来越多的企业希望寻求信息化、智能化、数字化即"三化一体"的定制化服务。因此,大数据、人工智能、物联网、区块链等技术的进一步融合发展成为满足企业数字化转型的关键。各项技术所发挥的作用环环相扣:大数据提供分布式计算和存储等数据工程方面支持;云计算提供计算、存储、网络等基础服务和软硬件一体化的终端定制化服务;物联网提供数据采集支持和动作执行支持;人工智能提供概率图模型、深度学习等数据算法方面支持;区块链提供价值交换和智能合约支持。

4. 云服务商生态化发展,云管理服务生态初现

云服务商的生态模式主要分为产业生态和场景生态。产业生态是指不同企业间的互惠互利、共赢共生。其可以分为应用市场型和跨界融合型。场景生态是指从终端用户的实际场景出发,将与这一场景有关的所有要素进行组织优化,产生作用。混合云和多云部署的复杂环境在管理和监控上给企业上云提出了更高的要求,由于很多企业并不具备管理和监控如此复杂环境的能力,所以催生企业开始寻求云管理服务提供商(Cloud Management Service Provider,云 MSP)进行管理。

1.4 本章小结

近年来,随着我国云计算行业市场规模的持续增长,我国公有云市场进入了一个新的发展阶段。同时在 5G 商用以及 AI 等技术发展的推动下,未来几年内,预计我国公有云市场规模将持续高速增长。云计算技术可分为公有云、私有云、混合云和专有云四大类,其中公有云对公众开放,资源共享是公有云的核心属性之一,公有云服务可被任意客户使用,但云基础架构由云计算服务商控制运营管理。本章围绕云计算的概念、技术模式、部署方式以及云服务的相关概念和产品进行了简单描述,重点介绍了华为华为云服务的产品架构及相关云服务产品。

习题

1. 云计算的定义及特征是什么?
2. 云计算按照部署方式主要分为哪几种?
3. 云计算的服务类型都有哪几类服务?
4. 云计算的体系结构可以分为哪几层?
5. 华为云提供的云服务都有哪些?

第2章　华为云搭建Web应用

云计算是一门典型的以实践为主导的工程学科,它一直随着业务需求、应用场景、市场热点甚至新老技术交替而不断在变化。本章将利用开源的 WordPress 程序围绕如何利用华为云服务搭建 Web 应用开始华为云服务的实践之旅,主要内容包括创建虚拟私有云、购买弹性云服务器和数据库实例、安装 WordPress 软件在云服务器上搭建个人博客系统。

通过本章,您将学会:

(1) 虚拟私有云的创建、修改、删除等操作;

(2) 弹性云服务器的创建、登录、删除等操作;

(3) 镜像、带宽、安全组的选择、配置等操作;

(4) 数据库实例的创建、修改、使用等操作;

(5) WordPress 的创建、使用、验证等操作。

以实践任务为导向,通过使用开源的 WordPress 程序,在云服务供应商平台搭建 Web 应用网站。通过在搭建博客网站系统的过程中学习和体会华为云服务资源的设计与开发的基本过程和基本步骤,掌握华为云平台上弹性云服务器、虚拟私有云、云数据库等基础知识,熟悉操作系统镜像、带宽、安全组等基本操作的创建与管理。

要实现个人博客系统的搭建,需要的华为云服务组件有虚拟私有云(VPC)1 个、弹性云服务器(ECS)1 台、弹性负载均衡(ELB)1 台,弹性 IP 地地 1 个、云关系数据库 RDS1 台。注意,所有组件的创建需要在同一区域和可用区内,以确保私有网络互通。

2.1　VPC 及其创建

VPC 为用户的弹性云服务器、云容器、云数据库等资源构建隔离的、用户自主配置和管理的虚拟网络环境。其主要目的是提升用户云上资源的安全性,简化用户的网络部署。用户可以在 VPC 中定义安全组、VPN、IP 地址段、带宽等网络特性。用户还可以通过 VPC 方便地管理、配置内部网络,进行安全、快捷的网络变更。同时,用户可以自定义安全组内与组间弹性云服务器的访问规则,加强弹性云服务器的安全保护。

VPC 使用网络虚拟化技术,通过链路冗余、分布式网关集群、多 AZ(Available Zone)部署等多种技术,保障网络的安全性、稳定性和高可用性。VPC 提供了自主规划网络的能力,当前每个地域都会创建默认的 VPC 和子网,企业需要考虑业务场景、未来的业务变动以及业务扩容等多种因素规划所需的网络。不同的 VPC 之间的通信往来默认为隔离状态,用户可通过 VPC 连接类服务实现不同的 VPC 间的网络互通。

2.1.1 VPC 架构

VPC 产品架构如图 2-1 所示。VPC 可以分为 VPC 的基本组件、安全组件和 VPC 连接组件三部分。

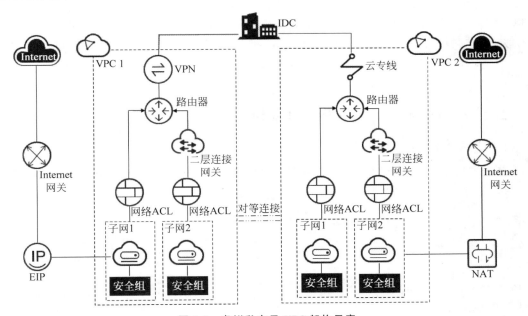

图 2-1 虚拟私有云 VPC 架构示意

1. VPC 基本组件

每个 VPC 由一个私网网段、路由表和至少一个子网组成。用户在创建 VPC 时,需要指定 VPC 使用的私网网段。当前 VPC 支持的网段有 10.0.0.0/8~24、172.16.0.0/12~24 和 192.168.0.0/16~24。云资源(例如云服务器、云数据库等)必须部署在子网内,因此,在 VPC 创建完成后,用户需要为 VPC 划分一个或多个子网,子网网段必须在私网网段内,即子网是私网网段中的一个具体网段。同时,在创建 VPC 时,系统会自动生成默认路由表,默认路由表的作用是保证同一个 VPC 下的所有子网互通。当默认路由表中的路由策略无法满足应用(比如未绑定弹性公网 IP 的云服务器需要访问外网)时,可以通过创建自定义路由表解决。

2. 安全组件

安全组件主要包括安全组和网络访问控制列表(Access Control List, ACL),用于保障 VPC 内部署的云资源的安全。其中,安全组类似于虚拟防火墙,为同一个 VPC 内具有相同安全保护需求并相互信任的云资源提供访问策略。同时,用户还可以为具有相同网络流量控制的子网关联同一个网络——ACL,通过设置出方向和入方向规则,对进出子网的流量进行精确控制。

3. VPC 连接组件

华为云提供了多种 VPC 连接方案,以满足用户不同场景下的诉求。用户可以通过 VPC 对等连接功能,实现同一区域内不同 VPC 下的私网 IP 互通,也可以通过 EIP(Elastic IP)或 NAT(Network Address Translation)网关,使得 VPC 内的云服务器可以与公网 Internet 互通。还可以通过虚拟专用网络 VPN、云连接、云专线及 VPC 二层连接网关功能将 VPC 与用户的数据中心连通。

2.1.2 虚拟私有云 VPC 的创建

1. 进入 VPC 控制台

首先需要登录云服务供应商控制台,选择"服务列表"→"网络"→"虚拟私有云 VPC"选项链接,操作界面如图 2-2 所示。

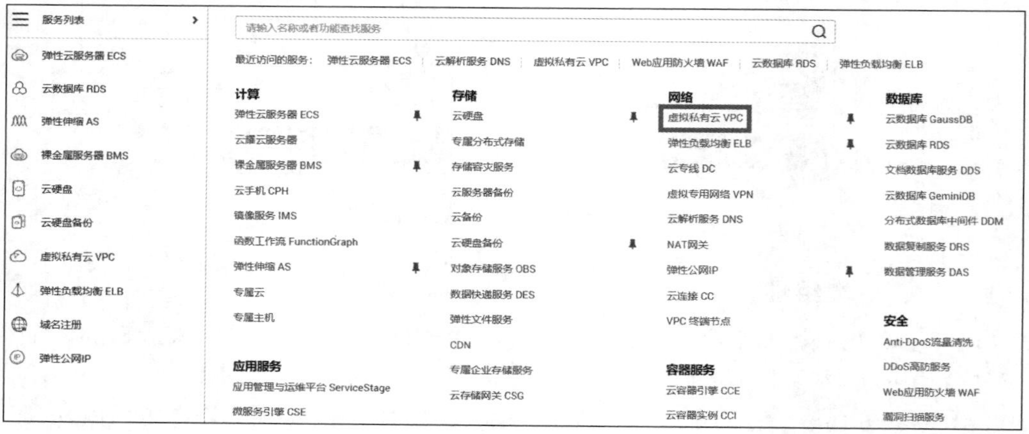

图 2-2 "虚拟私有云 VPC"链接

2. 配置虚拟私有云基本信息

用户在"服务列表"界面,通过单击"虚拟私有云 VPC"链接,在新打开的界面的右上角中有一个"创建虚拟私有云"按钮,单击该按钮,打开创建虚拟私有云界面,配置 VPC 基本信息界面如图 2-3 所示。

(1)选择区域(Region)。区域是从地理位置和网络时延维度对数据中心进行划分的单

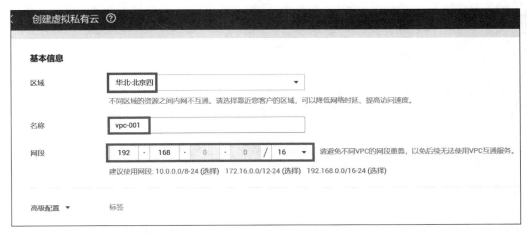

图 2-3　虚拟私有云基本信息配置

元,同一个 Region 内共享弹性计算、块存储、对象存储、VPC 网络、弹性公网 IP、镜像等公共服务。Region 分为通用 Region 和专属 Region。其中,通用 Region 是指面向公共租户提供通用云服务的 Region;专属 Region 是指只承载同一类业务或只面向特定租户提供业务服务的专用 Region。不同区域的资源之间内网不互通。选择距离自己较近的区域,可以降低网络时延、提高访问速度。在此选择下拉列表中的"华北-北京四"。

(2) 设置 VPC 名称。VPC 名称只能由中文、英文字母、数字、"_"""-"和"."组成,且不能有空格,长度不能大于 64 个字符。在此设置为 vpc-001。

(3) 设置 VPC 网段。VPC 子网的地址必须在 VPC 支持的私网地址范围内,目前支持网段范围为 10.0.0.0/8～24、172.16.0.0/12～24、192.168.0.0/16～24。在此将 VPC 网段设置为 192.168.0.0/16,子网掩码的长度可以通过下拉列表根据具体需要进行选择。

3. 配置 VPC 默认子网信息

配置 VPC 默认子网信息如图 2-4 所示,主要包括可用区、名称、子网网段等配置。除设置默认子网外,用户还可以根据需要在 VPC 内添加多个子网网段。

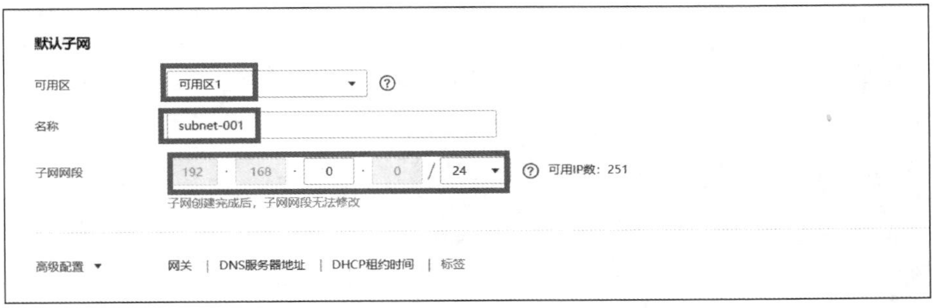

图 2-4　配置 VPC 默认子网

（1）设置可用区 AZ。一个 AZ 是一个或多个物理数据中心的集合，有独立的风火水电，AZ 内逻辑上再将计算、网络、存储等资源划分成多个集群。一个 Region 中的多个 AZ 间通过高速光纤相连，以满足用户跨 AZ 构建高可用性系统的需求。是否将资源放在同一可用区内，主要取决于用户对容灾能力和网络时延的要求。在同一 VPC 网络内的可用区与可用区之间内网互通，可用区之间能做到物理隔离。在此选择"可用区 1"选项。

（2）设置子网名称。用户可根据自己的业务自定义子网的名称。此处将名称设置为 subnet-001。

（3）设置子网的网段。子网的地址范围，需要在 VPC 的私网地址范围内，即子网掩码长度在此处的选择范围取决于 VPC 网段设置的子网掩码长度。在此将子网网段设置为 192.168.0.0/24。如果用户选择了开启 IPv6 地址功能，系统将自动为子网分配 IPv6 网段，暂不支持自定义设置 IPv6 网段。

（4）可选高级配置。单击"高级配置"右侧的下拉箭头，可配置子网的高级参数，包括网关、DNS 服务器地址、DHCP 租约时间等。此处选择默认配置。

4. 创建 VPC 成功

在"创建虚拟私有云"界面下端有"立即创建"按钮，单击该按钮，VPC 即创建成功。操作结果如图 2-5 所示。

图 2-5　虚拟私有云创建成功界面

2.2　ECS 及其创建

ECS（Elastic Cloud Server，弹性云服务器）是一种可随时自助获取、可弹性伸缩的云服务器，可帮助用户打造可靠、安全、灵活、高效的应用环境，确保服务持久稳定运行，提升运维效率。

2.2.1　ECS 架构

ECS 的架构如图 2-6 所示。从图 2-6 所示中可以看出，ECS 实际上是用户所创建的 VPC 内的一台虚拟服务器，通过和华为云其他产品、服务组合，ECS 可以实现计算、存储、网络、镜像安装等功能。ECS 可以通过 VPC 建立专属的网络环境，设置子网、安全组，并通过弹性公网 IP 实现外网链接（需带宽支持）。通过镜像服务，可以对 ECS 安装镜像，也可以通过私有镜像批量创建 ECS,实现快速的业务部署。ECS 通过云硬盘服务实现数据存储,并通过云硬盘备份服务实现数据的备份和恢复。云监控是保持 ECS 可靠性、可用性和性能的重要部分,通过云监控,用户可以观察弹性云服务器资源。云备份(Cloud Backup and Recovery,CBR)提供对云硬盘和 ECS 的备份保护服务,支持基于快照技术的备份服务,并支持利用备份数据恢复服务器和磁盘的数据。

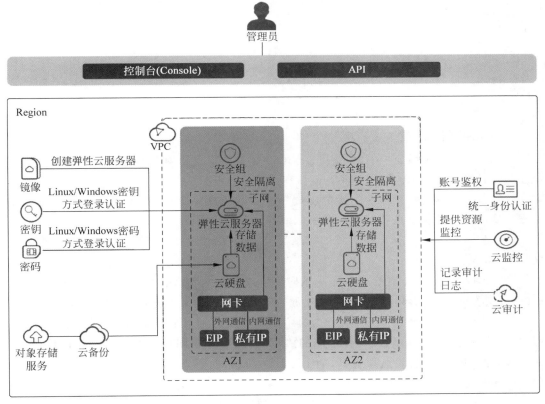

图 2-6　ECS 架构示意

　　用户可以通过两种方式管理 ECS:一种是通过 Web 化的服务管理平台,即管理控制台登录和管理 ECS;另一种是基于 HTTPS 请求的 API 进行管理。

　　ECS 可以在不同可用区中部署(可用区之间通过内网连接),当部分可用区发生故障后,不会影响同一区域内其他可用区的正常使用。

2.2.2　ECS 的创建

1. 购买 ECS

　　选择华为华为云控制台的"服务列表"→"计算"→"弹性云服务器"选项,即可打开创建"弹性云服务器"界面,如图 2-7 所示。

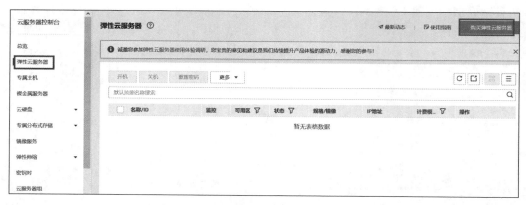

图 2-7 "弹性云服务器"界面

2. ECS 基础配置

单击图 2-7 所示界面中的"购买弹性云服务器"按钮,打开如图 2-8 所示的配置界面,其主要包括计费模式、CPU 架构、规格、镜像和系统盘等部分。

(1) 选择计费模式。ECS 的计费模式分为包年/包月、按需计费和竞价计费 3 种,用户可根据实际需求选择计费模式。在此将取值样例设为按需计费。

(2) 选择 ECS 所在区域。区域的概念与 VPC 创建时区域的概念相同,在此选择"华北-北京四"选项。

(3) 选择可用区。可用区是一个区域内一个或多个物理数据中心的集合,在此有 3 个可用区,分别为可用区 1、可用区 2 和可用区 3。在此选择"可用区 1"选项,如图 2-8(a)所示。

(4) 选择 ECS 规格。ECS 规格分为通用计算增强型、通用计算型、内存优化型、超高 I/O型、高性能计算型等。用户应针对不同的应用场景,选择不同规格的 ECS。在此取值样例为"通用计算增强型"弹性云服务器,如图 2-8(b)所示。

ECS 的 CPU 架构有两种选择:一种是 x86 计算 CPU 架构;另一种是鲲鹏计算 CPU 架构。x86 计算 CPU 架构采用复杂指令集(CISC),CISC 的每个小指令可以执行一些较低阶的硬件操作,指令数目多而且复杂,每条指令的长度并不相同。由于指令执行较为复杂,所以每条指令花费的时间较长。而鲲鹏计算 CPU 架构则采用精简指令集(RISC),RISC 是一种执行较少类型计算机指令的微处理器,它能够以更快的速度执行操作,使计算机的结构更加简单,并合理提高运行速度,相对于 x86 计算 CPU 架构具有更加均衡的性能功耗比。基于两种 CPU 架构的 ECS 不可以互相切换,因为两者的 CPU 架构不同,从而导致两者所使用的操作系统中部分二进制文件格式不同,所以二者不可以互相切换。同样,基于 x86 计算 CPU 架构的服务器创建的私有镜像中的部分二进制文件只能在 x86 计算 CPU 架构上运行,不可以用来创建鲲鹏计算 CPU 架构的服务器。

ECS 实例是由 CPU、内存、操作系统和云硬盘组成的基础的计算组件。云平台提供了多种实例类型供用户选择,不同类型的实例可以提供不同的计算能力和存储能力。

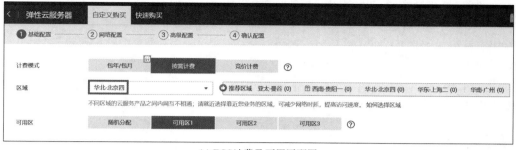

(a) ECS计费及可用区配置

(b) ECS架构及规格配置

(c) ECS镜像及系统盘配置

图 2-8 弹性云服务器基本配置

（5）选择 ECS 镜像。ECS 镜像类似于常用的操作系统映像的概念，在镜像中已经预安装和配置了所需要的应用软件和系统软件，从而方便用户使用。通过镜像可以创建 ECS。根据服务范围和来源可以划分为公共镜像、私有镜像、共享镜像和市场镜像，本实例取值样例为公共镜象，操作系统选择为 CentOS，版本选择为 CentOS-7.2 64bit 即可。需要说明的是，WordPress 版本通常需要 PHP 7 以上的环境。

不同的镜像,其来源也不同,它们之间的区别具体如下所述。

① 公共镜像。公共镜像是云平台提供的常见的标准操作系统镜像,所有用户可见,包括操作系统以及预装的公共应用。公共镜像具有高度稳定性,皆为正版授权,用户也可以根据实际需求自助配置应用环境或相关软件。

② 私有镜像。私有镜像是基于云服务器或外部镜像文件等方式创建的个人镜像,其仅能由所创建的用户自己可见。镜像中包含操作系统、预装的公共应用以及用户的私有应用等。选择私有镜像创建云服务器可以节省用户重复配置云服务器的时间。

③ 共享镜像。用户可以接收云平台其他用户共享的私有镜像,作为自己的镜像进行使用。

④ 市场镜像。市场镜像是指提供预装操作系统、应用环境和各类软件的优质的第三方镜像。第三方镜像一般不需要用户配置,可以实现一键便捷部署,从而满足用户建设网站、应用开发、可视化管理等个性化方面的需求。

(6) 选择磁盘配置。磁盘主要包括系统盘和数据盘。其中,系统盘按照 I/O 能力大小又分为 4 种,具体包括普通 I/O、高 I/O、通用型 SSD 和超高 I/O,不同类型的云硬盘的性能和价格有所不同,用户可根据程序要求选择所需的云硬盘。本实例取值样例为普通 I/O,如图 2-8(c)所示。创建 ECS 时,系统盘用于存储云服务器的操作系统;创建云服务器时自带系统盘,且系统盘自动初始化。数据盘用于存储用户数据。如果用户选择添加数据盘,那么数据盘将根据是否支持高级的 SCSI 命令划分云硬盘的磁盘模式。磁盘模式分为 VBD(虚拟块存储设备,Virtual Block Device)模式和 SCSI (小型计算机系统接口,Small Computer System Interface)模式。系统默认的磁盘模式为 VBD。如果选择了 SCSI,就能支持 SCSI 指令透传,可应用于需要支持 SCSI 指令的场景。

共享云硬盘选项是一种支持多个云服务器并发读写访问的数据块级存储设备,具有多挂载点、高并发性、高性能、高可靠性等特点。共享盘主要应用于需要支持集群、HA(High Available,高可用集群)能力的关键企业应用场景,多个云服务器可同时访问一个共享云硬盘。一块共享云硬盘最多可同时挂载 16 台云服务器,云服务器可以是虚拟的弹性云服务器,也可以是物理的裸金属服务器。

3. ECS 网络配置

在完成 ECS 基础配置界面后,单击界面右下角的"下一步:网络配置"按钮,进入弹性云服务器的"网络配置"界面,如图 2-9 所示。

(1) 选择 VPC。此处 VPC 的选择需要与在第 2.1 节创建的 VPC 保持一致。子网选择保持默认,选择"自动分配 IP 地址"选项。子网属于 VPC 资源,一个 VPC 内的子网可以通信,不同 VPC 的子网间默认是不能通信的,但可以通过创建对等连接使不同 VPC 的子网间进行通信。

(2) 可选增加"扩展网卡"选项。网卡是绑定到 VPC 网络下 ECS 上的虚拟网卡,包括主网卡和扩展网卡。可以添加多张扩展网卡,并指定网卡(包括主网卡)的 IP 地址。创建云服务器时,随云服务器自动创建的网卡是主网卡。主网卡用于系统的默认路由,不允许删除。除主网卡之外,用户还可以单独创建一块扩展网卡,并支持将其绑定到 ECS 实例上或

(a) 网络及安全组配置

(b) 弹性IP及网络带宽配置

图 2-9　弹性云服务器网络配置

从实例上进行解绑定等操作。

　　（3）安全组配置。安全组是一个逻辑上的分组，为具有相同安全保护需求并相互信任的云服务器提供访问策略。安全组创建后，用户可以在安全组中定义各种访问规则，当云服务器加入该安全组后，即受到这些访问规则的保护。

　　在默认情况下，一个用户可以创建 100 个安全组，一个安全组最多只允许拥有 50 条安全组规则，一个云服务器最多只能被添加到 5 个安全组中。一般来说，云服务器需要放行的端口根据所运行的操作系统不同而有所差别：Linux 操作系统确保所选安全组已放通 22 端口并用于 Linux SSH 登录使用；Windows 操作系统放行 3389 端口，用于 Windows 远程登录使用；放行 ICMP 协议（Ping）主要用于网络测试使用。此处设置为入方向 TCP/80、3389、22，实现安全组内和安全组间 ECS 的访问控制，加强 ECS 的安全保护，保持 Sys-default 和 Sys-WebServer 选项处于选中状态，如图 2-9（a）所示。

（4）"弹性公网 IP"配置。弹性公网 IP 为云服务器提供访问外网的能力,可以灵活绑定及解绑,随时修改带宽。未绑定弹性公网 IP 的云服务器无法直接访问外网,无法直接对外进行互相通信。一个弹性公网 IP 只能给一个 ECS 使用,不可以跨区域或跨账号使用,弹性公网 IP 和云服务器必须在同一个区域。弹性公网 IP 有不同的配置方式,即"现在购买""使用已有""暂不购买"3 种选项。在此处取值样例为"现在购买",自动为 ECS 分配独享带宽的弹性公网 IP,以实现对外提供访问服务。

（5）"线路"规格配置。线路包括"全动态 BGP"和"静态 BGP"。其中,"全动态 BGP"可根据设定的寻路协议第一时间自动优化网络结构,确保用户使用的网络持续、稳定、高效。"静态 BGP"是由网络运营商手动配置的路由信息。如果静态 BGP 中的网络结构发生变化,那么运营商可能无法在第一时间自动调整网络设置。若用户的应用对网络稳定性要求较高,则建议选择"全动态 BGP"。若应用系统具备一定的容灾功能,更考虑性价比,可选择静态 BGP。此处取值样例为静态 BGP。

（6）"公网带宽"配置。带宽是指定公网出方向的带宽的大小。带宽类型包括独享带宽和共享带宽。"按带宽计费"适用于访问流量大、访问量稳定的场景;"按流量计费"适用于访问流量小、流量波动较大的场景,若选择按流量计费,则可设置一个带宽上限,带宽上限可控制突发大流量,对于网络单价无影响;"加入共享带宽"是多 IP 聚合计费,适用于多业务流量高峰分布于不同时段、需节约公网成本的场景。此处取值样例为按带宽计费,且带宽取值为 1Mb/s。如图 2-9(b)所示。

4. ECS 高级配置

在完成 ECS 网络配置之后,单击界面右下角"高级配置"按钮,进入弹性云服务器的"高级配置"界面,如图 2-10 所示。

图 2-10　弹性云服务器高级配置

（1）为云服务器名称命名。当用户购买多台云服务器时,支持自动增加数字后缀命名或者自定义规则命名。

（2）登录凭证配置。其主要包括密码和密钥对，用户也可以创建完成 ECS 实例之后再配置登录凭证。为安全起见，ECS 登录时建议使用密钥对方式进行身份验证。用户需要使用已有密钥对或新建一个密钥对，用于远程登录身份验证。如果没有可用的密钥对，就需新建一个密钥对，生成公钥和私钥，并在登录 ECS 时提供私钥进行鉴权。当用户选择"密钥对"为登录凭证时，界面会显示"新建密钥对"链接，单击该链接即可通过管理控制台创建密钥对。创建的密钥对，公钥自动保存在系统中，私钥由用户保存在本地。用户可通过查看密钥对或是登录账号密码作为弹性云服务器的鉴权方式。此处样例选择为密码登录方式。

（3）可选云备份策略及云服务器组配置。使用云备份服务，需购买备份存储库，存储库是存放服务器产生的备份副本的容器。通过云服务器组功能，ECS 在创建时，将尽量分散地创建在不同的主机上，提高业务的可靠性。

（4）高级选项配置。一般保持默认配置即可，此处取值样例为暂不配置。

5．确认 ECS 配置

用户完成 ECS 高级配置之后，单击界面右下角的"确认配置"按钮进入 ECS 的"确认配置"界面，在该界面会将前几步的配置信息汇总，如图 2-11 所示。在此界面单击右下角的"立即购买"按钮，ECS 即购买和配置成功，如图 2-12 所示。

图 2-11　ECS 的"确认配置"界面

图 2-12　ECS 购买成功

2.3　云数据库及其创建

云数据库(Relational Database Service,RDS)是一种基于云计算平台的即开即用、稳定可靠、弹性伸缩、便捷管理的在线云数据库服务。云数据库支持的引擎包括 MySQL、PostgreSQL 和 SQL Server 等。

云数据库服务具有完善的性能监控体系和多重安全防护措施,并提供了专业的数据库管理平台,使用户能够在云上轻松地进行设置和扩展云数据库。通过云数据库服务的管理控制台,用户无须编程就可以执行所有必须的任务,简化运营流程,减少日常运维工作量,从而专注于开发应用和业务发展。

2.3.1　云数据库引擎

用户可以通过两种方式使用云数据库:一种方式是使用管理控制台提供的 Web 界面完成相关操作;另一种方式是通过 API 接口编写代码调用 API 来使用云数据库。下面简单介绍云数据库支持的引擎。

1. 云数据库 MySQL

MySQL 是目前最受欢迎的开源数据库之一,其性能卓越,搭配 LAMP(Linux＋Apache＋MySQL＋Perl/PHP/Python)成为 Web 开发的高效解决方案。云数据库 MySQL 拥有即开即用、稳定可靠、安全运行、弹性伸缩、轻松管理、经济实用等特点。MySQL 架构成熟稳定,支持流行应用程序,适用于多领域、多行业,支持各种 Web 应用,成本低,是中小企业首选的数据引擎。

2. 云数据库 PostgreSQL

PostgreSQL 是一个开源对象云数据库管理系统,并侧重于可扩展性和标准的符合性,被业界誉为"最先进的开源数据库",一直被认为是开源的 Oracle DB 与 SQL Server。云数据库 PostgreSQL 面向企业复杂 SQL 处理的 OLTP 在线事务处理场景,支持 NoSQL 数据类型(JSON/XML/Hstore)和 GIS(Geographic Information System,地理信息处理),在可靠性、数据完整性方面有良好声誉,适用于 Internet 网站、位置应用系统、复杂数据对象处理等应用场景。

3. 云数据库 SQL Server

SQL Server 是老牌的商用级数据库。其成熟的企业级架构,能轻松应对各种复杂环境;一站式部署、保障关键运维服务,大大降低了人力成本。依据华为国际化安全标准,为云数据库 SQL Server 打造了一个安全稳定的数据库运行环境。因此,SQL Server 被广泛应用于政府、金融、医疗、教育和游戏等领域。

云数据库 SQL Server 同样具有即开即用、稳定可靠、安全运行、弹性伸缩、轻松管理和经济实用等特点,同时,也拥有高可用架构、数据安全保障和故障秒级恢复功能,提供了灵活的备份方案。

2.3.2 云数据库创建

1. 购买云数据库

进入华为云服务后台管理控制台,选择"服务列表"→"数据库"→"云数据库 RDS"链接,单击即可打开"云数据库"界面,如图 2-13 所示。

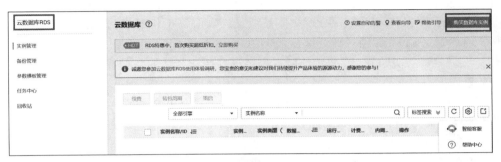

图 2-13 "云数据库"界面

2. 云数据库基础配置

在图 2-13 所示界面单击界面右上角的"购买数据库实例"按钮,即可打开云数据库配置界面,如图 2-14 所示。

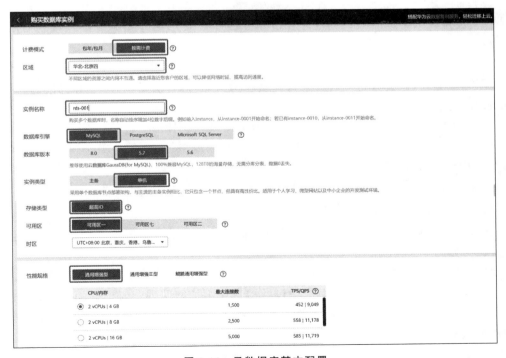

图 2-14 云数据库基本配置

（1）计费模式配置。云数据库的计费模式分为包年/包月和按需计费两种，用户可根据实际需求选择计费模式。在此取值样例为按需计费。

（2）区域配置。根据用户所在区域选择一个最靠近用户所在的区域。在此选择"华北-北京四"选项。

（3）配置实例名称。实例名称长度在 4～64 字符，必须以字母开头，可以包含字母、数字、中画线或下画线，不能包含其他特殊字符。在此配置实例的名称为 rds-001。

（4）选择数据库引擎。在线云关系型数据库服务包括 MySQL、PostgreSQL 和 Microsoft SQL Server 3 种。此处取值样例为 MySQL。

（5）选择数据库版本。数据库的版本需要根据用户具体业务选择。此处取值样例版本号为 5.7。

（6）选择 RDS 实例类型。RDS 实例类型主要有主备和单机两种类型。主备类型是一主一备的经典高可用架构，其适用于大中型企业的生产数据库，覆盖 Internet、物联网、零售电商、物流、游戏等领域。在创建主机的过程中，即同步创建备机，备机提高了实例的可靠性。备机在创建成功后，是不可见的。在单机模式下，采用单个数据库节点部署架构，与主流的主备实例相比，它只包含一个节点，但具有高性价比。其适用于个人学习、微型网站以及中小企业的开发测试环境。此处样例取值为单机。

（7）选择可用区。根据不同区域选择，有不同的可用区供用户选择。此处样例选择"可用区一"。

（8）时区选择。保持默认设置 UTC+08：00 即可。

（9）性能规格选择。RDS 的性能规格分为通用增强型、通用增强 II 型及鲲鹏通用增强型 3 种。

① 通用增强型是一系列性能更高、计算能力更稳定的实例规格，搭载英特尔至强可扩展处理器，配套高性能网络，综合性能及稳定性全面提升，可满足对业务稳定性及计算性能要求较高的企业级应用。

② 通用增强 II 型实例搭载第二代英特尔至强可扩展处理器，多项技术优化，计算性能强劲稳定，配套华为自己研发的 25GE 智能高速网卡，大大提高了超高网络带宽和 PPS（Packet Per Second）收发包能力。

③ 鲲鹏通用增强型是采用鲲鹏 CPU 架构的 RDS 实例，在此取值样例为通用增强型。

3. 云数据库存储及安全配置

在云数据库基本配置完成之后，在同一界面还有关于云数据库的存储空间及登录密码配置内容，如图 2-15 所示。

（1）存储空间配置。根据用户业务需要，选择合适大小的存储空间。此处选择 40GB。

（2）磁盘加密配置。磁盘加密选项包括加密和不加密两种。若选择加密，则会提高数据安全性，但对数据库读写性能有一些影响，应按照业务的使用策略进行选择。此处取值样例为"不加密"。

（3）选择虚拟私有云。其与前端业务 ECS 的虚拟私有云保持一致。

(a) 云数据库RDS存储及网络配置

(b) 云数据库安全配置

图 2-15　云数据库存储及安全配置

（4）配置内网安全组。Sys-default 是系统默认创建的一个安全组，默认安全组的规则是在出方向上的数据报文全部放行，入方向访问受限，安全组内的云服务器无须添加规则即可互相访问。如果默认安全组不能满足需求，可创建新的安全组或者设置安全组规则。此处保留默认设置。

（5）设置管理员密码。根据需要自行设置数据库密码。

（6）选择参数模板。数据库参数模板是与数据库类型相关的参数配置值的存放容器，参数模板中的参数可应用于一个或多个数据库实例。此处保留默认设置。

（7）可选"只读实例"配置。在对数据库有少量写请求,但有大量读请求的应用场景下,单个实例可能无法抵抗读取压力,甚至对主业务产生影响。为了实现读取能力的弹性扩展,分担数据库压力,用户可以在某个区域中创建一个或多个只读实例,利用只读实例满足大量的数据库读取需求,以此增加应用的吞吐量。只读实例为单个物理节点的架构(没有备节点),采用数据库引擎的原生复制功能,将主实例的更改同步到所有只读实例,而且主实例和只读实例之间的数据同步不受网络延时的影响,只读实例与主实例在同一区域,但可以在不同的可用区。此处选择"暂不购买"选项。

4. 确认配置并购买成功

在所有的配置选项选择完成之后,单击界面右下角的"立即购买"按钮,弹出"规格确认"界面,如图 2-16 所示。确认以上配置后,单击界面右下角的"提交"按钮即购买成功,如图 2-17 所示。

图 2-16　云数据库确认配置

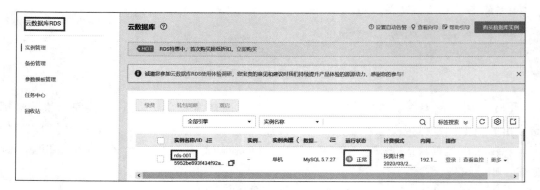

图 2-17　云数据库购买成功

2.4 云服务器 Nginx＋PHP 环境配置

2.4.1 登录修改云服务器环境

在第 2.2 节购买和配置的云服务器操作系统为 Linux，本小节介绍如何登录 Linux 云服务器。当前登录 Linux 服务器的工具有很多，比较常见有的 SecureCRT、Putty、Xshell 等工具。其中，Xshell 是 Windows 下一款功能非常强大的安全终端模拟软件，支持 Telnet、Rlogin、SSH、SFTP、Serial 等协议，可以非常方便地对 Linux 主机进行远程管理。与SecureCRT 相比，Xshell 具有 Screen 不会闪屏，可以回滚，脚本(Script)的执行顺序可以调整，键盘映射的兼容性比较好等优点。与 Putty 相比，商用的 Xshell 软件功能会更强大，但Xshell 对个人和学校用户是免费使用的，因此，本节将以 Xshell 为例说明如何登录弹性云服务器。

1. Xshell 软件安装

首先可以通过官网下载也可以在本书所附的软件安装包地址下载。在本地主机安装安全终端模拟软件 Xshell 6，安装成功并打开 Xshell 6，如图 2-18 所示。

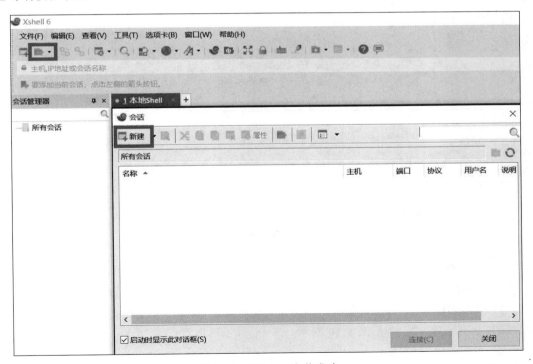

图 2-18　Xshell 6 安装成功

2. 配置 Xshell 新建会话属性

在图 2-18 所示的 Xshell 界面中单击"新建"按钮，打开"新建会话属性"对话框，如图 2-19 所示，进行会话相应的设置，设置选项如下。

（1）设置会话名称。会话名称可进行自定义。此处取值样例为"华为云"。

（2）选择登录协议。有 Telnet、Rlogin、SSH、SFTP、Serial 等协议可供选择。此处取值样例为 SSH。

（3）输入主机 IP 地址。主机 IP 需与 ECS 的弹性公网 IP 地址保持一致。此处取值样例为 121.36.3.201。

（4）选择端口号。默认 SSH 端口设置为 22。

（5）连接至云服务器。单击"连接"按钮，通过 Xshell 软件即可远程登录 ECS。

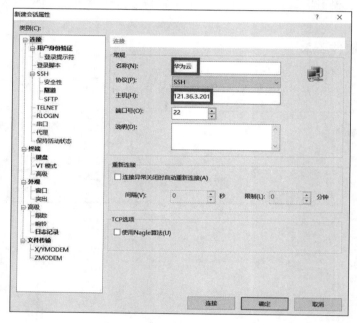

图 2-19　新建会话基本配置

3. 删除云服务器环境

需要说明的是，如果云服务器环境为初始操作系统镜像安装，此步骤可以略过。

（1）查看云服务器 Apache 版本号。登录云服务器后，在命令行界面执行命令 httpd -v，查看已安装的 Apache 版本，如图 2-20 所示。

（2）删除已安装的 Apache 版本。在命令行界面执行命令：yum -y remove httpd 即可删除已经安装的 Apache Web 服务器，如图 2-21 所示。

（3）删除已安装的 PHP 版本。在命令行界面执行命令：yum -y remove php-common 即可删除已经安装的 PHP 软件，从图 2-22 中可以看出，当前安装的 PHP 版本号为 5.6。

```
Xshell 6 (Build 0197)
Copyright (c) 2002 NetSarang Computer, Inc. All rights reserved.

Type `help' to learn how to use Xshell prompt.
[D:\~]$

Connecting to 121.36.3.201:22...
Connection established.
To escape to local shell, press 'Ctrl+Alt+]'.

WARNING! The remote SSH server rejected X11 forwarding request.
Last login: Tue Mar 24 15:28:16 2020 from 47.52.107.212

        Welcome to Huawei Cloud Service

[root@ecs-0001 ~]# httpd -v
Server version: Apache/2.4.41 (IUS)
Server built:   Aug 25 2019 19:41:04
```

图 2-20　查看 Apache 版本

```
[root@ecs-0001 ~]# yum -y remove httpd
Loaded plugins: fastestmirror
Resolving Dependencies
--> Running transaction check
---> Package httpd24u.x86_64 0:2.4.41-1.el7.ius will be erased
--> Processing Dependency: httpd-mmn = 20120211x8664 for package: 1:httpd24u-mod_ssl-2.4.41-1.el7.ius.x86_64
--> Processing Dependency: httpd24u = 2.4.41-1.el7.ius for package: 1:httpd24u-mod_ssl-2.4.41-1.el7.ius.x86_64
--> Running transaction check
---> Package httpd24u-mod_ssl.x86_64 1:2.4.41-1.el7.ius will be erased
--> Processing Dependency: mod_ssl for package: python2-certbot-apache-1.0.0-1.el7.noarch
--> Running transaction check
---> Package python2-certbot-apache.noarch 0:1.0.0-1.el7 will be erased
--> Finished Dependency Resolution
```

图 2-21　删除已安装 Apache 版本

```
[root@ecs-0001 ~]# yum -y remove php-common
Loaded plugins: fastestmirror
Resolving Dependencies
--> Running transaction check
---> Package php56w-common.x86_64 0:5.6.40-1.w7 will be erased
--> Processing Dependency: php(api) = 20131106-64 for package: php56w-pecl-apcu-4.0.11-2.w7.x86_64
--> Processing Dependency: php(api) = 20131106-64 for package: php56w-pecl-imagick-3.4.3-1.w7.x86_64
--> Processing Dependency: php(api) = 20131106-64 for package: php56w-pecl-redis-3.1.6-1.w7.x86_64
--> Processing Dependency: php(api) = 20131106-64 for package: php56w-pecl-igbinary-2.0.5-1.w7.x86_64
--> Processing Dependency: php(zend-abi) = 20131226-64 for package: php56w-pecl-apcu-4.0.11-2.w7.x86_64
--> Processing Dependency: php(zend-abi) = 20131226-64 for package: php56w-pecl-imagick-3.4.3-1.w7.x86_64
--> Processing Dependency: php(zend-abi) = 20131226-64 for package: php56w-pecl-redis-3.1.6-1.w7.x86_64
--> Processing Dependency: php(zend-abi) = 20131226-64 for package: php56w-pecl-igbinary-2.0.5-1.w7.x86_64
--> Processing Dependency: php56w-bz2 for package: 1:php56w-pear-1.10.4-1.w7.noarch
--> Processing Dependency: php56w-ftp for package: 1:php56w-pear-1.10.4-1.w7.noarch
--> Processing Dependency: php56w-pcre for package: 1:php56w-pear-1.10.4-1.w7.noarch
--> Processing Dependency: php56w-tokenizer for package: 1:php56w-pear-1.10.4-1.w7.noarch
--> Processing Dependency: php56w-zlib for package: 1:php56w-pear-1.10.4-1.w7.noarch
--> Processing Dependency: php56w-common(x86-64) = 5.6.40-1.w7 for package: php56w-xml-5.6.40-1.w7.x86_64
--> Processing Dependency: php56w-common(x86-64) = 5.6.40-1.w7 for package: php56w-soap-5.6.40-1.w7.x86_64
--> Processing Dependency: php56w-common(x86-64) = 5.6.40-1.w7 for package: php56w-gd-5.6.40-1.w7.x86_64
--> Processing Dependency: php56w-common(x86-64) = 5.6.40-1.w7 for package: php56w-recode-5.6.40-1.w7.x86_64
--> Processing Dependency: php56w-common(x86-64) = 5.6.40-1.w7 for package: php56w-mcrypt-5.6.40-1.w7.x86_64
--> Processing Dependency: php56w-common(x86-64) = 5.6.40-1.w7 for package: php56w-fpm-5.6.40-1.w7.x86_64
--> Processing Dependency: php56w-common(x86-64) = 5.6.40-1.w7 for package: php56w-opcache-5.6.40-1.w7.x86_64
--> Processing Dependency: php56w-common(x86-64) = 5.6.40-1.w7 for package: php56w-bcmath-5.6.40-1.w7.x86_64
--> Processing Dependency: php56w-common(x86-64) = 5.6.40-1.w7 for package: php56w-snmp-5.6.40-1.w7.x86_64
--> Processing Dependency: php56w-common(x86-64) = 5.6.40-1.w7 for package: php56w-pdo-5.6.40-1.w7.x86_64
--> Processing Dependency: php56w-common(x86-64) = 5.6.40-1.w7 for package: php56w-xmlrpc-5.6.40-1.w7.x86_64
--> Processing Dependency: php56w-common(x86-64) = 5.6.40-1.w7 for package: php56w-intl-5.6.40-1.w7.x86_64
--> Processing Dependency: php56w-common(x86-64) = 5.6.40-1.w7 for package: php56w-mbstring-5.6.40-1.w7.x86_64
--> Processing Dependency: php56w-common(x86-64) = 5.6.40-1.w7 for package: php56w-ldap-5.6.40-1.w7.x86_64
--> Processing Dependency: php56w-common(x86-64) = 5.6.40-1.w7 for package: php56w-imap-5.6.40-1.w7.x86_64
--> Processing Dependency: php56w-common(x86-64) = 5.6.40-1.w7 for package: php56w-cli-5.6.40-1.w7.x86_64
--> Processing Dependency: php56w-common(x86-64) = 5.6.40-1.w7 for package: php56w-process-5.6.40-1.w7.x86_64
--> Running transaction check
```

图 2-22　删除已安装的 PHP 版本

2.4.2　安装 Nginx Web 服务器

Nginx 是一款轻量级 Web 服务器、反向代理服务器,由于它的内存占用少,启动极快,高并发能力强,在 Internet 项目中广泛应用,Nginx 占有大约 25% 的全球 Web 服务器市场份额。

1. 获取 Nginx 软件

用户需要下载对应当前云服务器操作系统版本的 Nginx 软件包,有两种途径:一种是通过 Nginx 官网下载(下载详见前言二维码),另一种是通过本书所附链接获取软件包。也可以直接在 Linux 的命令行界面通过 wget 命令从官网下载,如图 2-23 所示。

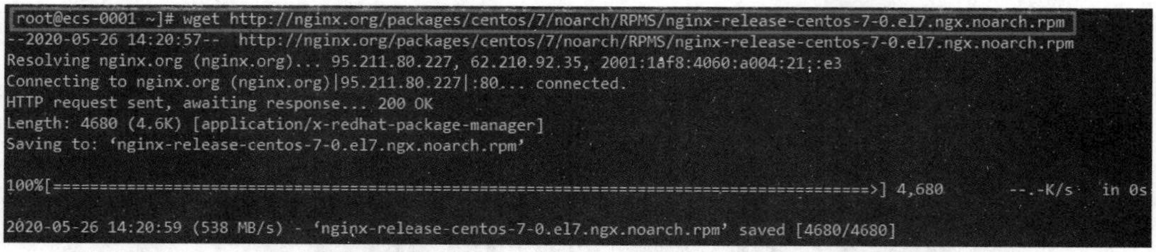

图 2-23　使用 wget 下载 Nginx 软件包

2. 建立 Nginx 仓库

建议用户通过 wget 命令行直接下载 Nginx 软件包,否则还需要通过 WinSCP 工具或 Linux 的 lrzsz 工具将 Windows 本地文件上传到远程云服务器。软件下载或上传到远程云服务器后,在命令行界面执行命令 rpm -ivh nginx-release-centos-7-0.el7.ngx.noarch.rpm,建立 Nginx 仓库,如图 2-24 所示。

图 2-24　建立 Nginx 仓库

3. 安装 Nginx 软件包

在命令行界面下执行命令:yum -y install nginx,安装 Nginx 软件包,如图 2-25 所示。

4. 设置 Nginx 开机自启动

在命令行界面执行命令 systemctl start nginx 启动 Nginx 服务器,执行命令 systemctl enable nginx 设置 Nginx 为开机自启动,如图 2-26 所示。

5. 测试 Nginx 安装成功

启动完成 Nginx 服务后,可以在客户端主机利用浏览器访问 http://弹性公网 IP 地址,此处弹性公网 IP 地址取值样例为 121.36.3.201,显示如图 2-27 所示的界面,即表示 Nginx 服务安装成功。

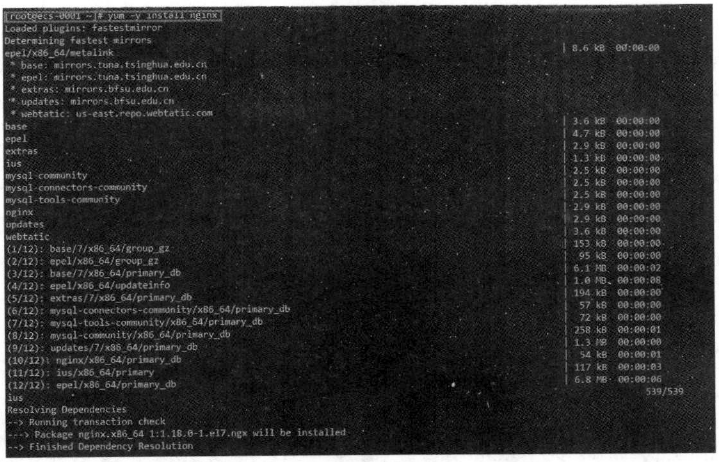

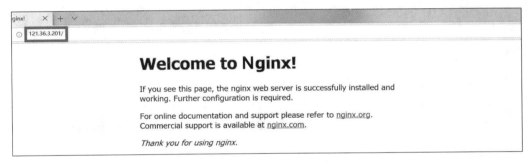

图 2-25　安装 Nginx

图 2-26　启动 Nginx 并设置开机启动

图 2-27　Nginx 安装成功

2.4.3　安装 PHP 7 软件环境

1. 使用 Webtatic 源安装 PHP 7

在建立 Webtatic 源仓库之前需要首先安装 EPEL（Extra Packages for Enterprise Linux）。EPEL 是由 Fedora 社区打造，为 RHEL 及衍生发行版如 CentOS、Scientific Linux 等提供高质量软件包的项目，装上 EPEL，就相当于添加了一个第三方源。

（1）安装 epel-release，如果下载地址更新，请详见前言二维码。在命令行界面执行命令：rpm -Uvh https://mirror.webtatic.com/yum/el7/epel-release.rpm，升级安装 epel 软件包，如图 2-28(a)所示。

（2）添加有 PHP 7 的 yum 软件仓库（Webtatic 源），如果下载地址更新，请详见前言二维码。在命令行界面执行命令：rpm -Uvh https://mirror. webtatic. com/yum/el7/ webtatic-release. rpm 建立 webtatic 仓库，如图 2-28(b)所示。

（3）安装 PHP 7 及所需扩展。在命令行界面执行命令：yum -y install php70w-tidy php70w-common php70w-devel php70w-pdo php70w-mysql php70w-gd php70w-ldap php70w-mbstring php70w-mcrypt php70w-fpm，安装 PHP 7 及所需的 PHP 扩展，如图 2-28(c)所示。

(a) 安装epel-release

(b) 建立Webtatic源仓库

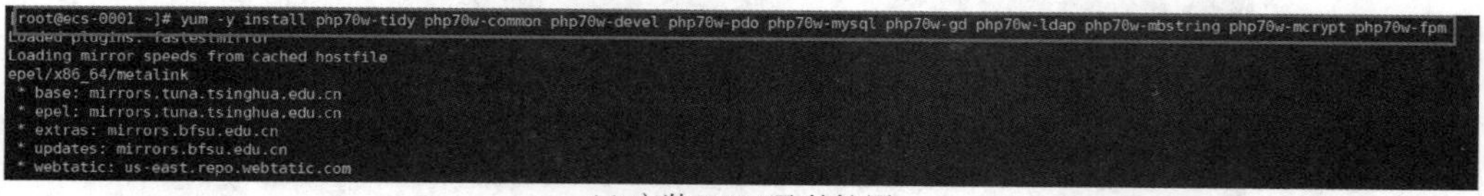

(c) 安装PHP 7及其扩展

图 2-28　通过 Webtatic 源安装 PHP 7 及其扩展

2. 验证 PHP 的安装版本

在命令行界面执行命令：php -v，验证 PHP 的安装版本，如图 2-29 所示。

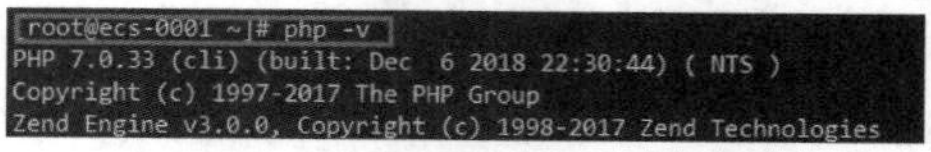

图 2-29　验证 PHP 的安装版本

3. 设置 php-fpm 开机启动

php-fpm 即 php-Fastcgi Process Manager，是 FastCGI 的实现，并提供了进程管理的功能。在命令行界面执行命令：systemctl start php-fpm 和 systemctl enable php-fpm，启动 php-fpm 并设置开机启动，如图 2-30 所示。

图 2-30　启动 Nginx 并设置开机启动

4. 配置 Nginx 配置文件

（1）利用 vim 编辑工具打开配置文件。在命令行界面执行命令：vim /etc/nginx/conf. d/default. conf，打开配置文件 default. conf，如图 2-31 所示。

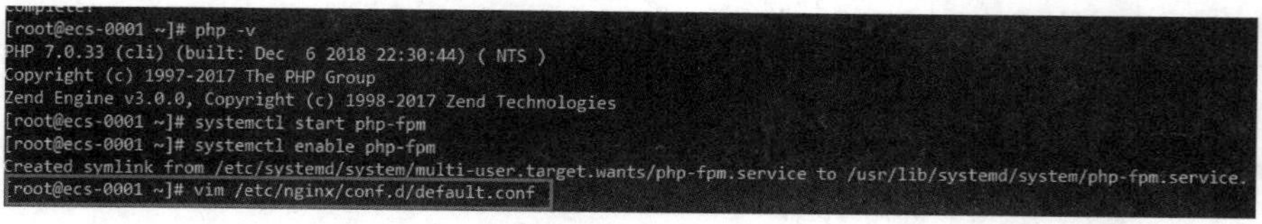

图 2-31　打开配置文件 default. conf

（2）修改打开的 default. conf 配置文件。根据图 2-32 方框所示部分修改配置文件，在 index 处添加 index. php 首页文件，再去掉 Location 那段配置代码的注释符号♯，并修改 fastcgi_para 参数，修改为用户存放 PHP 脚本文件的目录。此处为/usr/share/nginx/html $ fastcgi_script_name。在 vim 编辑模式下，按 Esc 键可退出编辑模式并进入命令模式；输入:wq 可保存配置文件并退出 vim 编辑软件。

```
server {
    listen       80;
    server_name  localhost;

    #charset koi8-r;
    #access_log  /var/log/nginx/host.access.log  main;

    location / {
        root   /usr/share/nginx/html;
        index index.php index.html index.htm;
    }

    #error_page  404              /404.html;

    # redirect server error pages to the static page /50x.html
    #
    error_page   500 502 503 504  /50x.html;
    location = /50x.html {
        root   /usr/share/nginx/html;
    }

    # proxy the PHP scripts to Apache listening on 127.0.0.1:80
    #
    #location ~ \.php$ {
    #    proxy_pass   http://127.0.0.1;
    #}

    # pass the PHP scripts to FastCGI server listening on 127.0.0.1:9000
    #
    location ~ \.php$ {
        root           html;
        fastcgi_pass   127.0.0.1:9000;
        fastcgi_index  index.php;
        fastcgi_param  SCRIPT_FILENAME  /usr/share/nginx/html$fastcgi_script_name;
        include        fastcgi_params;
```

图 2-32　修改配置文件 default. conf

5. 重新载入 Nginx 的配置文件

在命令行界面执行命令：service nginx reload，重新载入 Nginx 的配置文件，如图 2-33 所示。

图 2-33　重新载入 Nginx 配置文件

6. 测试 Nginx＋PHP 安装环境

（1）创建 inof. php 测试文件。在命令行界面执行命令：vim /usr/share/nginx/html/ info. php，打开并修改编辑 info. php 的测试文件，编辑文件内容如下：

```
<?php
    phpinfo();
?>
```

然后按 Esc 键退出编辑模式，并输入:wq 保存后退出 vim 编辑软件。

（2）测试 PHP 环境。在客户机本地利用浏览器访问 http://弹性公网 IP 地址/info. php，此处弹性公网 IP 地址取值样例为 121. 36. 3. 201，显示如图 2-34 所示的界面，表示 PHP 7 安装成功。

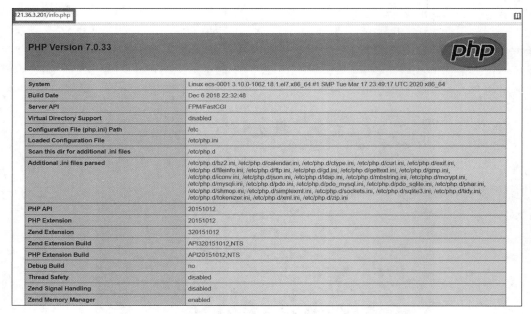

图 2-34　PHP 7 安装成功

2.5　安装应用程序 WordPress

2.5.1　上传 WordPress 到云服务器

1. 获取 WordPress 软件安装包

用户可以从 WordPress 官方网站下载最新版的 WordPress，也可以从本书链接中下载 WordPress 5.6 的安装包。

2. 上传 WordPress 安装包到服务器

（1）安装 lrzsz 工具包。在命令行界面执行命令：yum -y install lrzsz，安装 lrzsz 工具包。其主要用于 Linux 操作系统实现文件的上传和下载功能，如图 2-35 所示。

（2）上传安装软件包到云服务器。首先，在云服务器的命令行界面执行命令：cd/usr/share/nginx/html，将当前目录设置为 Niginx 服务器根目录所在位置。然后，在命令行界面执行命令：rz，在打开的窗口中选择客户端本地文件 wordpress-5.3.2-zh_CN.zip，单击"确定"按钮即可实现上传文件到云服务器。

图 2-35　安装 lrzsz 工具包实现
上传和下载功能

2.5.2 安装 WordPress 程序

1. 解压缩软件包

在命令行界面执行命令：unzip wordpress-5.3.2-zh_CN.zip，解压缩软件包到当前目录，利用 ls -l 命令显示当前目录及文件如图 2-36 所示。

2. 设置 WordPress 目录权限

在命令行界面执行命令：chmod -R 777 wordpress，设置解压后的文件权限为读写执行最高权限，如图 2-37 所示。

图 2-36 解压软件包成功

图 2-37 设置解压文件权限

3. 执行安装向导

在客户端本地机器上利用浏览器访问 http://弹性公网 IP 地址/wordpress，进入安装向导，如图 2-38 所示。

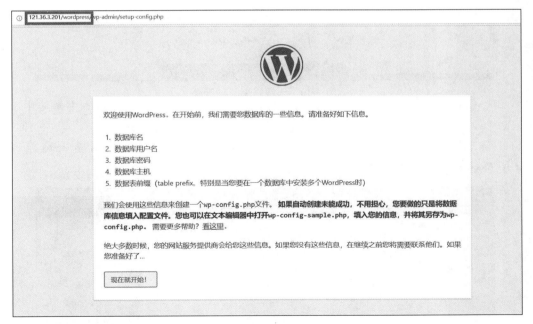

图 2-38 进入 WordPress 安装向导

4. 登录 RDS 创建数据库

（1）登录云 RDS。在云控制管理平台的 RDS 界面,登录数据库管理控制台,在图 2-39
所示界面中,单击"登录"按钮,打开云数据库登录界面,如图 2-40 所示。

图 2-39　进入云数据库控制台

图 2-40　云数据库登录界面

（2）创建数据库实例。在如图 2-41 所示的界面中,单击"＋新建数据库"按钮,在弹出的
窗口中输入新建数据库的名称和字符集信息,如图 2-41 所示,数据库名称输入为
wordpress,字符集选择为 utf8 选项。

图 2-41　创建 WordPress 数据库

（3）获取 RDS 连接信息。在"服务列表"中单击"云数据库 RDS"链接，进入云数据库控制台，单击该数据库服务器实例名称的链接，打开如图 2-42 所示界面，重点关注界面下方的数据库连接信息，如云数据库服务器的 IP 地址等信息。

图 2-42　获取云数据库连接信息

5. 返回 WordPress 安装向导继续安装

（1）输入数据库连接信息。当安装向导界面提示输入数据库连接信息时，输入前面第 4 步创建的数据库名称 wordpress，数据库的用户名、密码、数据库主机的 IP 信息，如图 2-43 所示。输入完成后，单击"提交"按钮。如果提示失败，检查各项参数是否正确。

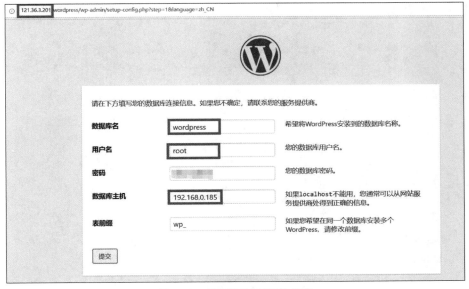

图 2-43　填写数据库连接信息

（2）数据库连接成功提示。当安装向导出现如图 2-44 所示界面时，表示数据库已经连接成功，单击"现在安装"按钮，继续安装。

不错。您完成了安装过程中重要的一步，WordPress现在已经可以连接数据库了。如果您准备好了的话，现在就……

现在安装

图 2-44　确认数据库连接成功

6. 配置 WordPress 博客网站信息

WordPress 安装的最后一步提示输入博客网站的基本信息，例如配置站点的标题、登录后台的用户名、密码、您的电子邮件信息等，如图 2-45 所示。

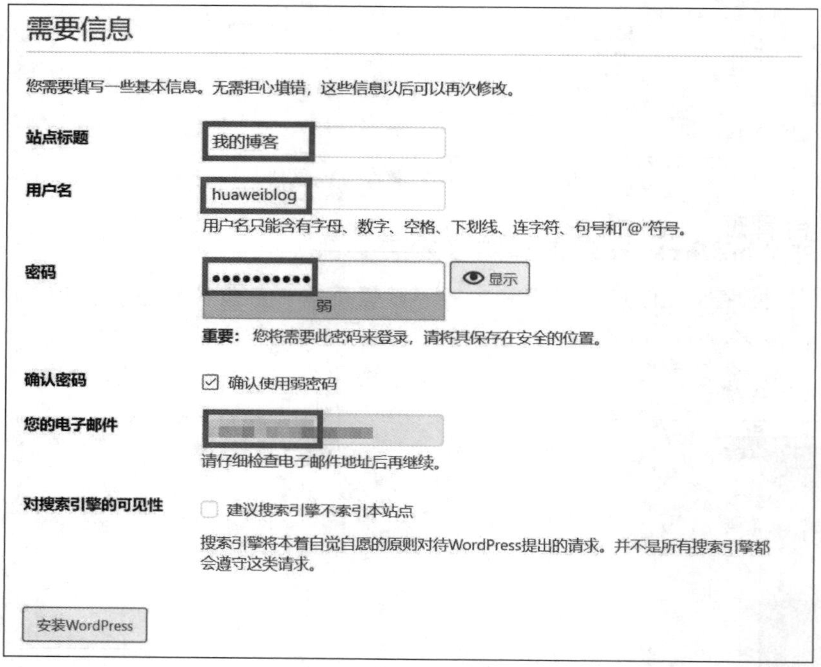

需要信息

您需要填写一些基本信息。无需担心填错，这些信息以后可以再次修改。

站点标题　　我的博客

用户名　　huaweiblog

用户名只能含有字母、数字、空格、下划线、连字符、句号和"@"符号。

密码　　●●●●●●●●●●　　👁 显示

弱

重要： 您将需要此密码来登录，请将其保存在安全的位置。

确认密码　　☑ 确认使用弱密码

您的电子邮件　　

请仔细检查电子邮件地址后再继续。

对搜索引擎的可见性　　☐ 建议搜索引擎不索引本站点

搜索引擎将本着自觉自愿的原则对待WordPress提出的请求。并不是所有搜索引擎都会遵守这类请求。

安装WordPress

图 2-45　站点基本配置

2.5.3　测试 WordPress 安装

1. WordPress 前台登录验证

安装完成后，安装向导会自动跳到登录界面，或在客户端本机利用浏览器访问 http://弹性公网 IP 地址/wordpress 即可打开前台登录界面，如图 2-46 所示。

图 2-46　登录验证 WordPress

2. 后台管理界面测试

在客户端本机利用浏览器访问 http://弹性公网 IP 地址/wordpress/wp-admin/,用户登录之后即可打开 WordPress 博客系统的后台管理界面,界面如图 2-47 所示,到此为止,利用华为云服务器搭建博客系统网站的所有任务全部结束,即可以通过 WordPress 后台管理界面进行博客系统的测试使用等工作。

图 2-47　登录管理 WordPress 界面

2.6 本章小结

个人博客系统搭建作为华为云服务教学的首个案例任务,依托华为云平台,紧密围绕华为云服务产品,将教学知识体系与工程技术教学相结合,使教学任务和工程实践完美融合。通过完成个人博客搭建任务,掌握华为华为云平台个人博客建站的基本流程,包括创建虚拟私有云(VPC)、购买弹性云服务器(ECS)、购买云数据库(RDS)、检查配置环境和完成WordPress 安装等任务,现将本章具体知识要点总结梳理如下所述。

虚拟私有云创建阶段:主要流程包括创建虚拟私有云基本信息及默认子网、为虚拟私有云创建新的子网、创建安全组并添加安全组规则。虚拟私有云可以通过创建子网来自定义网络部署;通过使用安全组功能,将 VPC 中的弹性云服务器划分成不同的安全域,并为每个安全域定义不同的访问控制规则,可实现安全组内云服务器的互相访问;通过使用VPN、云专线将 VPC 与传统数据中心互联,实现应用向云上的平滑迁移的功能。

弹性云服务器创建阶段:主要流程包括配置弹性云服务器规格、选择镜像并创建磁盘、配置网络、选择登录方式、确认配置并创建。弹性云服务器可以实现在不同可用区部署,且一个可用区发生故障后不会影响其他可用区;通过设立子网、安全组,与虚拟私有云建立专属的网络环境,并可通过弹性 IP 实现外网连接;通过镜像服务,实现对弹性云服务器安装镜像;通过云硬盘服务实现对数据的存储,同时也可利用云硬盘备份服务实现数据的备份和恢复。

云数据库创建阶段:主要流程包括配置云数据库基本信息、确认配置并创建。云数据库通过提供 MySQL、PostgreSQL、SQL Server 数据库实例,支持单机或主备部署模式,可实现即开即用;支持实例监控、弹性伸缩、备份与恢复等功能特性。

检查环境配置阶段:通过将弹性云服务器的公网 IP 在客户端本地浏览器进行验证。

WordPress 安装阶段:主要流程包括远程登录弹性云服务器、搭建 LAMP 环境、连接RDS 数据库实例、安装并登录 WordPress。

习题

1. 虚拟私有云的架构包括哪些组件?
2. 虚拟私有云中的子网和私有网段有什么区别与联系?
3. 弹性云服务器的 x86 架构与鲲鹏架构有什么区别?
4. 弹性 IP 地址的作用是什么?
5. 华为云关系数据库引擎都有哪些?

第3章

负载均衡服务

负载均衡(Load Balance)是指通过监听用户的请求将负载(工作任务)进行平衡、分摊到多个操作单元上进行运行。例如,FTP服务器、Web服务器、企业核心应用服务器和其他主要任务服务器等,从而协同完成工作任务。华为云的弹性负载均衡(Elastic Load Balance,ELB)有很多应用场景,可以利用其为高访问量业务进行业务分发,也可以和弹性伸缩服务为潮汐业务弹性分发流量,还可以利用ELB服务消除单点故障、实现业务容灾部署等场景。

通过本章,您将学到:

(1) 镜像ECS服务器操作;

(2) 配置负载均衡资源;

(3) 配置负载均衡监听器;

(4) ECS解绑和绑定弹性公网IP。

弹性负载均衡将访问流量均衡分发到多台弹性云服务器,扩展应用系统对外的服务能力,实现更高水平的应用程序容错性能。对于业务量访问较大的业务,可以通过弹性负载均衡设置相应的转发策略,将访问量均匀地分到多个后端处理。例如大型门户网站,移动应用市场等。同时用户还可以开启会话保持功能,保证将同一个客户请求转发到同一个后端,从而提升访问效率。本章通过对弹性负载均衡的相关任务操作,加深对弹性负载均衡概念和其工作机制的理解。

3.1 弹性负载均衡概述

3.1.1 弹性负载均衡的原理

弹性负载均衡是将访问流量根据分配策略分发到后端多台服务器的流量分发控制服务。弹性负载均衡可以通过流量分发扩展应用系统对外的服务能力,同时通过消除单点故障提升应用系统的可用性。

弹性负载均衡的原理如图3-1所示。弹性负载均衡将访问流量分发到后端3台应用服务器,每个应用服务器只需分担三分之一的访问请求。同时,结合健康检查功能,流量只分发到后端正常工作的服务器,从而提升应用系统的可用性。

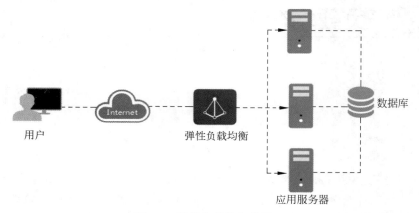

图 3-1 弹性负载均衡的原理

3.1.2 弹性负载均衡的组件

弹性负载均衡服务主要由负载均衡器、监听器和后端服务器 3 部分组成。弹性负载均衡的组件构成如图 3-2 所示。

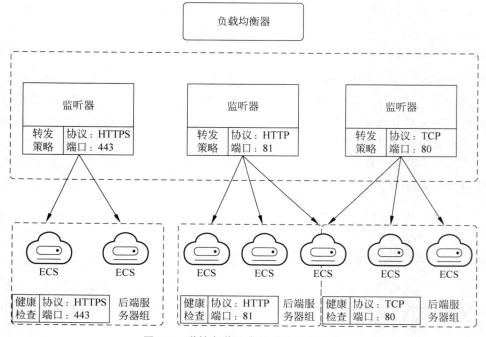

图 3-2 弹性负载均衡的组件构成示意

1. 负载均衡器

负载均衡器是指用户创建的承载业务的负载均衡服务实体。创建负载均衡器后,用户还需要在负载均衡器中添加监听器和后端服务器,然后才能使用负载均衡服务提供的功能。负载均衡器主要用来接收来自客户端的传入流量,并将请求转发到一个或多个可用区中的后端服务器。

负载均衡器分为公网负载均衡器和私网负载均衡器。

(1) 公网负载均衡器接收公网的访问请求,然后向绑定了监听器的后端服务器分发这些请求。在创建公网负载均衡器时,需要为负载均衡器创建弹性 IP(EIP)或者绑定已有的EIP。公网负载均衡器支持接收来自公网的 TCP、UDP、HTTP 和 HTTPS 等请求转发,同时支持会话保持、健康检查和访问控制等所有负载均衡提供的功能。

(2) 私网负载均衡器由于没有公网域名和 EIP,所以只能在 VPC 内部被访问,不能被Internet 的公网用户访问。私网负载均衡器通过对应的私有 IP 将来自同一个 VPC 内的访问请求分发到后端服务器上。

私网负载均衡器使用私有 IP 地址将访问请求分发到后端 ECS 实例上,通常用于内部服务集群。例如,某业务 Web 服务器和数据库服务器分开部署,Web 服务器需要对公网用户提供访问,后端的数据库服务器只能通过内网进行访问。该场景可以同时使用公网负载均衡器和私网负载均衡器,将 Web 服务器连接至公网负载均衡器,将相应的数据库服务器连接至私网负载均衡器。公网负载均衡器接收来自公网的请求并分发至后端 Web 服务器,处理后将对数据库的请求发送到私网负载均衡器,再由私网负载均衡器转发请求至数据库服务器。

2. 监听器

创建负载均衡器后,需要为负载均衡器配置监听器。监听器负责监听负载均衡器上的请求,根据配置流量分配策略,分发流量到后端服务器处理。用户可以向弹性负载均衡器添加一个或多个监听器。监听器使用用户所配置的协议和端口检查来自客户端的连接请求,并根据用户自定义的分配策略将请求转发到一个后端服务器组里的后端服务器。

3. 后端服务器

负载均衡器会将客户端的请求转发给后端服务器处理。例如,用户可以添加 ECS 实例作为负载均衡器的后端服务器,监听器使用特定的协议和端口监听来自客户端的连接请求,然后根据预先定义的分配算法和策略将用户的请求转发到后端服务器组里的后端服务器上。后端服务器组是指把具有相同特性的后端服务器放在一个组,负载均衡实例进行流量分发时,流量分配策略以后端服务器组为单位生效。

新添加后端服务器后,若健康检查开启,负载均衡器会向后端服务器发送请求以检测其运行状态。若其响应正常,则直接上线;若响应异常,则开启健康检查机制进行定期检查,检查正常后再上线。用户可以随时增加或减少负载均衡器的后端服务器数量,保证应用业务稳定和可靠,屏蔽单点故障,也可以在负载均衡器所在地域内的可用区中,绑定后端服务器实例,并且确保至少有一台后端服务器正常运行。

3.1.3 弹性负载均衡的类型

弹性负载均衡有 3 种不同的负载均衡,分别是经典型负载均衡、共享型负载均衡和独享型负载均衡。用户可以根据不同的应用场景和功能需求选择合适的负载均衡器类型。

1. 共享型负载均衡

共享型负载均衡适用于访问量较大的 Web 业务,提供基于域名和 URL 的路由均衡能力,实现更加灵活的业务需求。共享型负载均衡实例资源共享,实例的性能会受其他实例的影响。

2. 独享型负载均衡

独享型负载均衡适用于负载均衡性能规格要求较高的场景,该类型支持按照并发最大连接数、每秒新建连接数、每秒带宽等不同性能规格的定制要求。其实例具有资源独享和性能不受其他实例影响的特点,用户可根据不同的业务需要,选择不同规格的实例。

3. 经典型负载均衡

经典型负载均衡适用于访问量小、应用模型简单的 Web 业务。与共享负载均衡相比,经典负载均衡的 HTTP 和 HTTPS 转发能力相对较弱,同时在转发性能和稳定性方面也不如共享型负载均衡强大。

3.2 云硬盘服务与镜像服务

3.2.1 云硬盘服务

1. 云硬盘概念

云硬盘(Elastic Volume Service)是给云服务器提供硬盘的服务,简称磁盘。用户可根据需要创建不同 I/O 要求的磁盘,挂载给云服务器使用,并可以随时扩容磁盘。云硬盘可以为云服务器提供高可靠、高性能、规格丰富并且可弹性扩展的块存储服务。适用于分布式文件系统、开发测试、数据仓库以及高性能计算等场景。云硬盘类似 PC 中的硬盘,必须挂载至同一可用区的云服务器使用。根据性能,云硬盘可分为极速型 SSD、超高 I/O、通用型 SSD、高 I/O、普通 I/O 共 5 种类型。不同类型的云硬盘的性能和价格有所不同,用户需要根据业务需求选择云硬盘类型。注意:创建成功后无法变更云硬盘类型。其中,极速型 SSD 云硬盘采用了全新低时延拥塞控制算法的 RDMA 技术,单盘最大吞吐量达 1000Mb/s 并具有极低的单路时延性能。

2. 云硬盘备份

云硬盘备份用于云硬盘某一时间点数据的备份与恢复。通过云硬盘备份,用户可以将云硬盘数据恢复到某一备份点,也可使用备份创建新的云硬盘,从而避免云硬盘重要数据丢失。云硬盘备份提供对云硬盘的基于快照技术的数据保护服务,简称为 VBS(Volume Backup Service)。

VBS 具有如下特点。

VBS 可以使用户的数据更加安全可靠。例如,当用户的云硬盘出现故障或云硬盘中的数据发生逻辑错误时(如误删数据、遭遇黑客攻击或病毒危害等),可快速恢复数据。

VBS 支持全量备份和增量备份。第一次做备份时,系统默认做全量备份,非第一次的备份,系统默认做增量备份。无论是全量备份还是增量备份,都可以方便地将云硬盘恢复至备份时刻的状态。

云硬盘备份会在备份过程中自动创建快照并且为每个云硬盘保留最新的快照。如果该云硬盘已备份,再次备份后会自动将旧快照删除,保留最新的快照。同时对专属存储池里面的云硬盘创建备份时,会自动创建快照,快照会占用专属存储池空间,需要留意空间分配时考虑到快照所占空间。

VBS 使用简单,可以一键式针对服务器上的云硬盘进行在线备份和恢复。其中,服务器是指弹性云服务器或裸金属服务器。

3. 创建云硬盘备份

(1)进入云硬盘控制台。登录华为云平台后,在"控制台"界面,单击左侧导航栏"服务列表"按钮,选择"云硬盘(EVS)"选项,弹出如图 3-3 所示界面。

(2)选择要备份的磁盘。在图 3-3 所示中,会自动列出正在使用的云硬盘列表,假如您已经完成第 2 章所学博客系统的部署,在此,ecs-001 就是 WordPress ECS 服务器使用的云硬盘,在该界面上,单击"更多"右侧的下拉列表框,在弹出的菜单中选择"创建备份"。

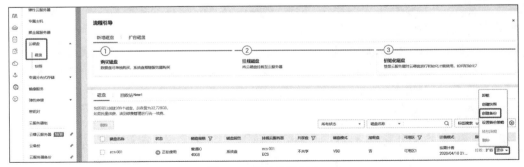

图 3-3 云硬盘控制台

(3)执行备份操作。在上一步选择"创建备份"选项后,会打开"创建云硬盘备份"界面,如图 3-4 所示。在备份配置部分,选中"立即备份"选项,然后单击"立即申请"按钮,VBS 便开始执行备份操作。

在此创建云硬盘备份的目的是对博客系统云服务器挂载磁盘创建一个备份副本,以便在磁盘数据不可用时进行数据恢复操作,在数据恢复时需要先将要恢复的磁盘从 ECS 上卸载,才可以进行数据恢复操作。

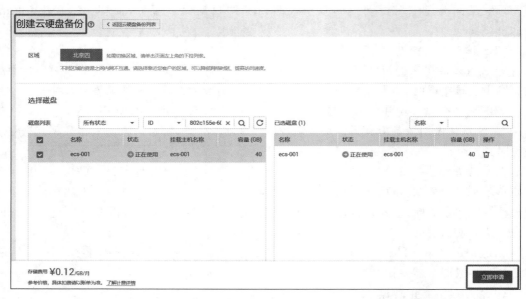

图 3-4　"创建云硬盘备份"界面

3.2.2　镜像服务

1. 镜像服务概念

镜像服务（Image Management Service，IMS）为用户提供了镜像自助管理的功能，包括提供公共镜像，以及私有镜像的创建、共享、删除等功能。所谓镜像就是一个包含了软件及必要配置的服务器或磁盘模板，包含操作系统或业务数据，还可以包含应用软件（例如，数据库软件）和私有软件。镜像服务提供镜像的生命周期管理能力。用户可以灵活地使用公共镜像、私有镜像或共享镜像申请弹性云服务器或裸金属服务器。同时，用户还可以通过已有的云服务器或使用外部镜像文件创建私有镜像，实现用户业务上云或云上迁移。

2. 镜像服务类型

镜像分为公共镜像、私有镜像、共享镜像和市场镜像。公共镜像为系统默认提供的镜像，私有镜像为用户自己创建的镜像，共享镜像为其他用户共享的私有镜像。

（1）公共镜像。公共镜像是由华为云官方提供的镜像，适配了弹性云服务器或裸金属服务器兼容性并安装了必要的初始化插件，所有用户均可使用，涵盖大部分主流操作系统。所有用户可见，包括操作系统以及预装的公共应用。华为云提供的公共镜像覆盖华为自研EulerOS 镜像和第三方商业镜像，用户可以根据实际需要选择。

（2）私有镜像。该镜像包含操作系统或业务数据、预装的公共应用以及用户的私有应用的镜像，仅用户个人可见。私有镜像包括系统盘镜像、数据盘镜像和整机镜像。

① 系统盘镜像包含用户运行业务所需的操作系统、应用软件的云硬盘镜像。系统盘镜

像可以用于创建云服务器,迁移用户业务到云。

② 数据盘镜像只包含用户业务数据的镜像。数据盘镜像可以用于创建云硬盘,将用户的业务数据迁移到云上。

③ 整机镜像也叫全镜像,包含用户运行业务所需的操作系统、应用软件和业务数据的镜像。整机镜像基于差量备份制作,相比同样磁盘容量的系统盘镜像和数据盘镜像,创建效率更高。

(3)共享镜像。共享镜像是将已经创建好的私有镜像共享给其他用户使用。共享后,接收者可以使用该共享镜像快速创建运行同一镜像环境的云服务器。

(4)市场镜像。市场镜像提供预装操作系统、应用环境和各类软件的优质第三方镜像。用户无须配置,可一键完成部署,满足用户建站、应用开发、可视化管理等个性化的需求。市场镜像通常由具有丰富云服务器维护和配置经验的服务商提供,并且经过华为云的严格测试和审核,可保证镜像的安全性。

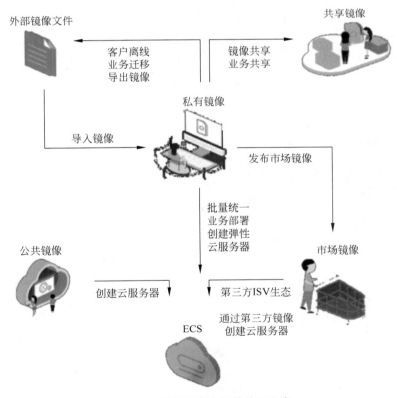

图 3-5 不同镜像之间的关系示意

图 3-5 所示为不同镜像之间的关系示意。用户可以通过公共镜像、私有镜像和市场镜像创建 ECS 云服务器实例。云平台外部的镜像文件可以导入至云平台,成为用户创建的私有镜像,私有镜像可以被共享为共享镜像,实现业务共享;同时,私有镜像还可以导出镜像

为系统外部镜像文件,实现用户业务的迁移。如果用户的私有镜像运行成熟稳定,还可以将其发布到镜像市场成为市场镜像,供其他人付费使用。

3. 创建私有镜像

下面将为安装了 WordPress 的 ECS 服务器创建一个私有镜像,通过选择私有镜像创建云服务器,可以大大节省用户重复配置云服务器的时间。

(1) 创建私有镜像。登录云服务器控制台,选择左侧导航栏中的"镜像服务"选项,打开如图 3-6 所示的界面,在此界面单击界面右上角的"＋创建私有镜像"按钮,打开图 3-7 所示的界面。

图 3-6　"镜像服务"界面

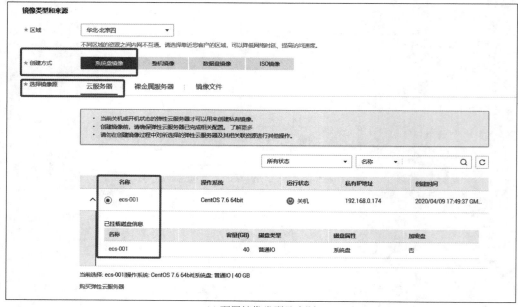

(a)配置镜像类型及来源

图 3-7　配置 ECS 私有镜像

(b)配置镜像名称

图 3-7 （续）

（2）配置镜像类型和来源。在图 3-7(a)所示中选择私有镜像的创建方式为"系统盘镜像"，选择镜像源为"云服务器"，然后，选中云服务器列表中安装了 WordPress 的 ECS 服务器，在此为 ecs-001。

（3）配置镜像名称。向下拖动鼠标，显示图 3-7(b)所示的"配置信息"界面，在名称文本输入框中输入用户自定义的镜像名字，此项为必填项，在此输入 myimage，然后，单击界面右下角的"立即创建"按钮，触发创建私有镜像操作。

（4）成功创建 ECS 私有镜像。私有镜像创建成功后，会转到图 3-8 所示界面，单击图 3-8 所示界面中的"私有镜像"标签，即可找到刚创建的私有镜像 myimage。到此用户已经成功创建了一个私有镜像。

图 3-8 成功创建 ECS 私有镜像

4. 利用私有镜像创建 ECS

下面将介绍如何利用私有镜像创建用户的第二台 ECS。

（1）创建弹性云服务器。在云控制器平台选择左侧导航栏中的"弹性云服务器"选项，打开用户已创建的弹性云服务器列表界面，单击界面右上角的"购买弹性云服务器"按钮，即打开创建云服务器界面。

（2）创建 ECS 基础配置。ECS 基础配置中镜像部分的配置与第 2.2 节不同，其他部分均相同。此处镜像选择为图 3-9 所示界面的"私有镜像"选项，然后在下方的下拉列表中选择在上一步创建的私有镜像"myimage(40GB)"选项。

图 3-9 利用私有镜像创建 ECS

（3）ECS 网络配置和高级配置。关于创建 ECS 的网络配置和高级配置请参考第 2.2 节，根据实际需要配置即可，最后确认配置后，单击"立即购买"按钮即可成功创建第二台 ECS，结果如图 3-10 所示。

图 3-10 创建第 2 台 ECS

注：新创建的 ECS 也可不用购买弹性 IP 地址，可以使用第一台 ECS 所购买的弹性公网 IP，但前提是需要将第一台 ECS 所用的弹性公网 IP 解绑，具体的操作方法可以参考第 3.4 节的内容。

3.3 部署弹性负载均衡

到此为止，读者已经成功完成两台 WordPress 博客网站弹性云服务器的部署。现在假设您的博客网站的访问量较大，需要部署使用两台 ECS 进行业务负载分担。下面将带领大家熟悉和掌握华为云服务中弹性负载均衡服务的部署和配置。

3.3.1 配置负载均衡器

1. 定位 ELB 服务

登录云控制台，选择界面上方导航栏中的"服务列表"→"网络"→"弹性负载均衡 ELB"选项，如图 3-11 所示，单击该选项进入负载均衡购置界面，如图 3-12 所示。

在图 3-12 所示的弹性负载均衡器购置界面中，单击界面右上角的"购买弹性负载均衡"按钮，弹出负载均衡器配置对话框，如图 3-13 所示。

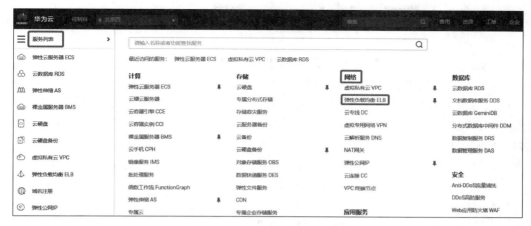

图 3-11 "弹性负载均衡 ELB"选项

图 3-12 负载均衡器购置界面

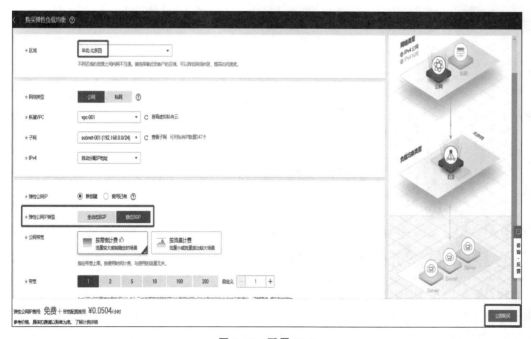

图 3-13 配置 ELB

2. 配置 ELB 负载均衡器

在图 3-13 所示的配置界面中,依次按照如下配置步骤完成操作。

(1) 选择区域。在此选择"华北-北京四"选项。

(2) 选择网络类型。网络实例类型有公网和私网两种。公网实例主要是指负载均衡实例提供公网 IP,可以通过 Internet 访问的负载均衡服务;而私网实例是指负载均衡实例仅提供私网 IP,只能通过内部网络访问该负载均衡服务,Internet 用户无法访问。此处取值样例为"公网"。

(3) 配置 VPC 及子网。所属 VPC 配置时,在下拉列表中选择之前创建的"vpc-001",此处要求与 ECS 所在 VPC 是同一个 VPC,同一个子网,IPv4 地址选择自动分配即可。

(4) 弹性公网 IP 配置。此处选择"新创建"选项,类型选择"静态 BGP"。

(5) 带宽配置。公网带宽选择"按带宽计费",速度大小选择 1Mb/s 即可,用户可以根据实际业务需要作出选择。

(6) 确认配置信息。单击界面右下角的"立即购买"按钮,进入 ELB 的确认配置界面,如图 3-14 所示。

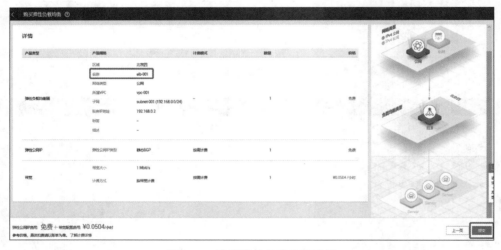

图 3-14　确认弹性负载均衡配置

3. 提交 ELB 配置

在确认配置界面,单击"提交"按钮完成 ELB 的配置。

3.3.2　配置负载均衡监听器

1. 进入负载均衡器控制台

选择左侧导航栏中的"弹性负载均衡"→"负载均衡器"选项进入负载均衡器控制台,界面如图 3-15 所示。负载均衡器只是用来接收来自用户的请求,负载均衡后端的服务和监听工作还需要后端的监听器和后端服务器完成。

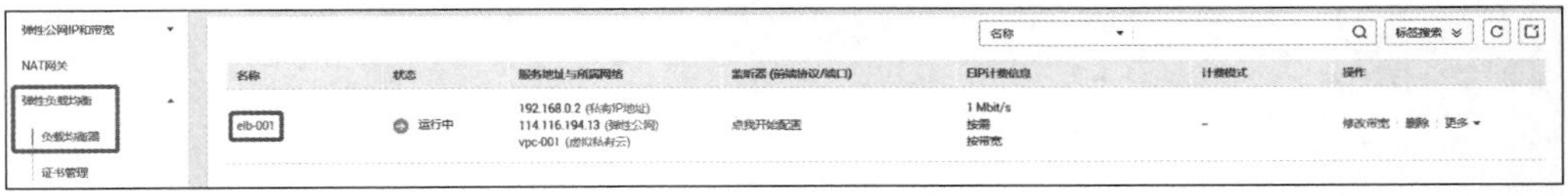

图 3-15　负载均衡器控制台界面

2. 浏览负载均衡器基本信息

在负载均衡器控制台界面,单击负载均衡器的名称"elb-001"即进入均衡器详细信息界面,如图 3-16 所示。在该界面选择"监听器"标签,进入添加负载均衡器监听器界面。

图 3-16　负载均衡器信息界面

3. 为负载均衡器添加监听器

在图 3-16 所示界面中,单击"监听器"标签,进入添加监听器界面。在该界面左侧单击"添加监听器"按钮,配置监听器基本信息,如图 3-17 所示,配置完成后,单击"下一步"按钮进入添加服务器组界面,即监听器所监听的对象是服务器组。

(1)命名监听器名称。用户可以根据业务需要自行命名即可。

(2)配置前端协议/端口。负载均衡器提供服务时接收请求的端口,负载均衡提供 4 层协议(TCP、UDP)和 7 层协议(HTTP、HTTPS)监听,此处由于是为 WordPress 博客 Web 应用提供负载均衡服务,因此取值样例为 TCP/80。

(3)高级配置。监听器的高级配置主要包括访问策略、空闲超时时间等配置项,此处保持默认即可。

4. 配置后端服务器组

在图 3-17 所示的界面中,单击"下一步"按钮,即可弹出配置后端服务器组对话框,如

图 3-17　配置监听器信息

图 3-18 所示。

（1）选择后端云服务器组。所谓服务器组，就是把具有相同特性的后端云服务器放在一个组，包括"新创建"和"使用已有"两个选项。此处取值样例为"新创建"。

（2）命名服务器组名称。后端服务器组的名称可根据用户需要自定义即可。此处设置为 server_group-0001。

（3）选择分配策略类型。负载均衡采用的算法包括加权轮询算法、加权最少连接和源 IP 算法。此处取值样例为加权轮询算法。

负载均衡算法支持以下 3 种调度算法。

① 轮询算法：按顺序把每个新的连接请求分配给下一个服务器，最终把所有请求平分给所有的服务器。也可以设置服务器的权重参数，该算法根据后端服务器的权重，按顺序依次将请求分发给不同的服务器，相同权重的服务器处理相同数目的连接数。常用于短连接服务，如 HTTP 等服务。

② 最少连接：通过当前活跃的连接数估计服务器负载情况的一种动态调度算法，系统把新的连接请求分配给当前连接数目最少的服务器，常用于长连接服务如数据库连接等服务。

③ 源 IP 算法：将请求的源 IP 进行一致性 Hash 运算，得到一个具体的数值，同时对后端服务器进行编号，按照运算结果将请求分发到对应编号的服务器上。这可以使得对不同源 IP 的访问进行负载分发，同时使得同一个客户端 IP 的请求始终被派发至某特定的服务器。该方式适合负载均衡无 cookie 功能的 TCP。

（4）会话保持选项。开启会话保持后，弹性负载均衡将属于同一个会话的请求都转发到同一个云服务器进行处理。此处取值样例为不开启，即开关处于 OFF 状态。

（5）健康检查开启配置。开启或者关闭健康检查。此处取值样例为 ON 状态。

（6）配置健康检查的协议。健康检查支持 TCP 和 HTTP，设置后不可修改。此处取值

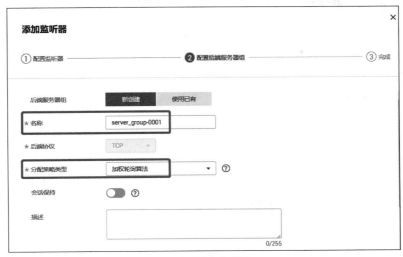

(a) 监听器基本配置

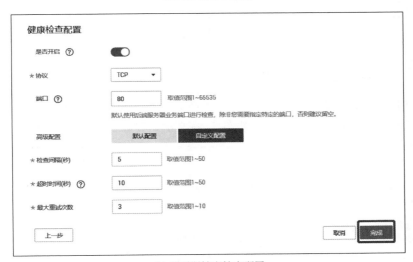

(b) 监听器健康检查配置

图 3-18 监听器后端服务器组配置

样例为 TCP。

（7）健康检查端口配置。健康检查端口号，取值范围[1,65535]，默认使用服务器业务端口进行健康检查，此处取值样例为 80 端口。

（8）健康检查高级配置。主要配置健康检查周期、超时秒数、最大重试次数等参数。

检查周期（秒）是指每次健康检查响应的最大间隔时间，取值范围[1,50]，此处取值样例为 5。超时时间（秒）是指每次健康检查响应的最大超时时间，取值范围[1,50]，此处取值样例为 10。最大重试次数是指健康检查最大的重试次数，取值范围[1,10]，此处取值样例为 3。

5.成功添加监听器

所有配置完成之后,单击界面右下角的"完成"按钮,系统显示监听器添加成功界面,如图 3-19 所示。

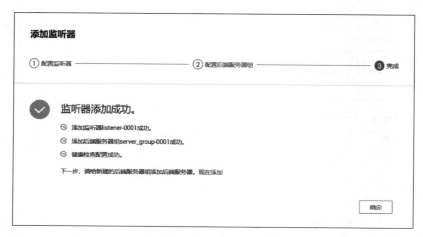

图 3-19　添加监听器成功

3.3.3　配置后端服务器

在负载均衡控制台,单击"监听器"标签,界面会显示在第 3.3.2 节创建的监听器,单击界面右侧的"后端服务器组"标签,显示如图 3-20 所示的界面。

图 3-20　后端服务器组标签

1.进入后端服务器组标签

在"后端服务器组"标签下,单击"添加"按钮即可为创建的服务器组添加后端服务器,如图 3-21 所示。

2.添加后端服务器

在图 3-21 所示的界面中,为后端服务器组选择两台安装 WordPress 的 ECS,单击"下一步"按钮,显示如图 3-22 所示对话框,在该对话框中为后端服务器批量增加端口号,此处为 80 端口,然后单击"完成"按钮,完成后端服务器的添加操作。

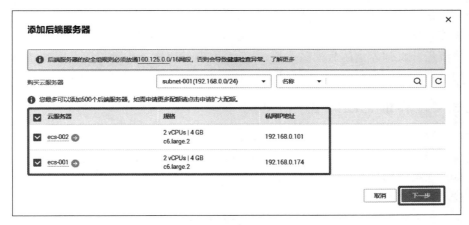

图 3-21 添加后端服务器

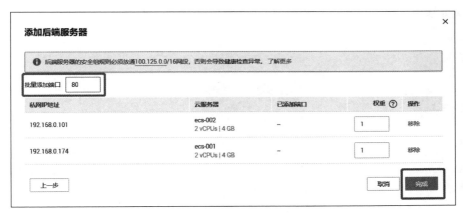

图 3-22 配置 ECS 后端服务器端口

3. 后端服务器健康检查

检查监听器中两台 ECS 状态,如图 3-23 所示。

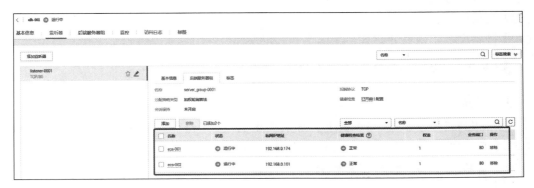

图 3-23 检查 ECS 状态

负载均衡器会定期向后端服务器发送请求以测试其运行状态,这些测试称为健康检查。通过健康检查判断后端服务器是否可用。负载均衡器如果判断后端服务器健康检查异常,就不会将流量分发到异常的后端服务器,而是分发到健康检查正常的后端服务器,从而提高了业务的可靠性。此处"健康检查结果"为"正常",表示 ELB 成功监听两台 ECS。

3.3.4 验证 ELB 服务正常

在客户端本机利用浏览器访问负载均衡器的弹性公网 IP,检查 ELB 是否成功调度 ECS 服务,如图 3-24 所示,输入"http://114.116.194.13/wordpress/",成功打开了 WordPress 博客网站。如果能够打开 WordPress 博客界面,表示 ELB 成功调度到 ECS,也表明 ELB 服务部署成功。

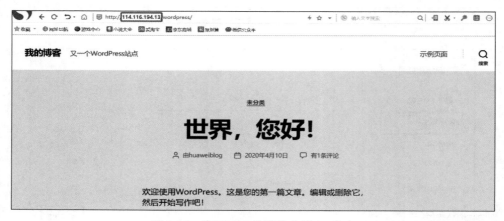

图 3-24 访问 ELB 的弹性公网 IP 成功

3.4 解绑和绑定弹性公网 IP

用户可以通过申请弹性公网 IP 并将弹性公网 IP 绑定到弹性云服务器上,从而实现通过公网访问弹性云服务器的目的。相反,弹性公网 IP 也支持变更绑定的弹性云服务器,用户需要先将弹性公网 IP 从原来的弹性云服务器上解绑定,再将弹性公网 IP 绑定到目标弹性云服务器上。本节将介绍如何解绑定和绑定弹性公网 IP。

3.4.1 解绑定弹性公网 IP

1. 登录云控制台

登录华为云控制台,选择界面上方导航栏中的"服务列表"→"计算"→"弹性云服务器 ECS"链接。然后,单击左侧导航栏中的"弹性公网 IP"链接,打开如图 3-25 所示界面。

2. 选择需要解绑定的弹性 IP

在图 3-25 界面的弹性公网 IP 列表中,选择需要解绑的公网 IP,单击"解绑"按钮,系统弹出询问"确定要解绑定该弹性公网IP?"的提示对话框,在该对话框中,单击"是"按钮,即可完成 ECS 弹性公网 IP 的解绑定操作。

图 3-25 选择解绑的弹性公网 IP

3.4.2 绑定弹性公网 IP

1. 选择要绑定的弹性公网 IP

弹性公网 IP 解绑后,弹性公网 IP 的状态列变为"未绑定"状态,同样,用户可以通过单击如图 3-26 所示界面中的"绑定"按钮,弹出如图 3-27 所示的"绑定弹性公网 IP"对话框。

图 3-26 选择待绑定弹性公网 IP

2. 选择绑定的实例

在"绑定弹性公网 IP"对话框中选择公网 IP 需要绑定的实例,可以为弹性云服务器,还可以为裸金属服务器,还可以为虚拟 IP 地址,然后在"网卡"下拉列表中,选择要绑定弹性公网 IP 的网卡,最后,单击"确定"按钮即可实现弹性公网 IP 的绑定操作,如图 3-27 所示。

图 3-27 绑定弹性公网 IP 界面

3. 查看弹性公网 IP 的绑定情况

在弹性公网 IP 对应的"已绑定实例"列中，可以看到弹性公网 IP 已绑定到选定的 ELB 或 ECS，如图 3-28 所示。

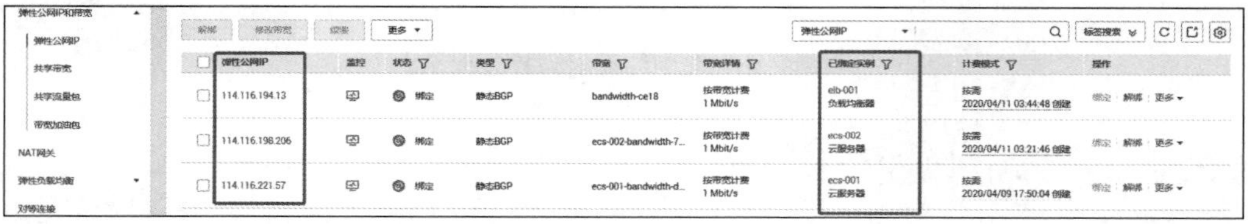

图 3-28 弹性公网 IP 成功绑定

3.5 本章小结

本章以负载均衡任务为主线，在博客网站搭建成功的基础上继续加深对弹性云服务器功能和操作的理解。同时，引入弹性负载均衡（ELB）的概念，理论与实践相结合，让用户通过部署负载均衡服务加深对华为云服务的体验。

弹性负载均衡是华为云服务的重要组成部分，是一种基础的网络服务。其原理是通过运行在前面的负载均衡服务，按照指定的负载均衡算法，将流量分配到后端服务集群上，从而为系统提供并行扩展的能力。其应用场景包括流量包、转发规则以及后端服务，由于该服务有内外网实例、健康检查等功能，能够有效地提高系统的安全性和可用性。

本章通过完成弹性负载均衡的功能操作任务，掌握华为云弹性负载均衡的概念及功能，包括负载均衡器、监听器和后端服务器的配置，健康检查、重定向与会话保持等参数的作用。监听器主要用来监听负载均衡器上的用户请求，然后根据配置的流量分配算法，分发用户请求到后端的服务器处理。负载均衡器会将客户端的请求转发给后端服务器处理；会定期向后端服务器发送请求以测试其运行状态的健康检查。通过健康检查判断后端服务器是否可用。负载均衡器通过对后端服务器的健康检查提高业务的可靠性。当异常的后端服务器恢复正常运行后，负载均衡器将其自动恢复到负载均衡服务中，承载业务流量。

习题

1. 什么是弹性负载均衡？其组件有哪些？
2. 简述弹性负载均衡的原理。弹性负载均衡服务有哪几种类型？
3. 云硬盘备份有哪几种备份方式？
4. 镜像服务 IMS 与 ECS 是什么关系？请举例说明不同镜像服务之间的关系。
5. 弹性负载均衡服务中，监听器分配用户请求的策略算法有哪些？
6. 弹性公网 IP 是否支持用于其他云服务器实例？如果支持，简述如何实现该操作。

第4章

云数据库备份与恢复

随着信息化的飞速发展,信息安全的重要性日趋明显。同样,作为信息安全的一个重要内容——数据备份的重要性也不可小觑。只要发生数据传输、数据存储、数据交换、软件故障、硬盘坏道等就有可能产生数据故障。此时,如果没有完整的数据备份和恢复方案,就会导致数据的丢失。同样,没有数据库的备份就没有数据库的恢复,企业应当把数据备份的工作列为一项不可忽视的系统工作,为其选择相应的设备和技术,进行经济可靠的数据备份,从而避免可能发生的重大损失。

通过本章,您将学到:

(1) 数据备份与恢复的基本概念和理论;

(2) 创建云数据库的备份操作及配置;

(3) 通过备份数据恢复云数据库;

(4) 体验云数据库的数据安全增强功能。

随着办公自动化和电子商务的飞速发展,企业对信息系统的依赖性越来越高,数据库作为信息系统的核心担当着重要的角色。数据库一般存放着企业最为重要的数据资产,它关系到企业业务能否正常运转,数据库服务器总会遇到一些不可抗拒因素,导致数据丢失或损坏,而数据库备份可以帮助我们避免由于各种原因造成的数据丢失或者数据库的其他问题。因此,掌握华为云环境下数据库备份与恢复的方法,体验云数据库的数据安全增强功能,是用户实现云上数据运维和数据保护的必备技能。本章将带领大家体验华为华为云的数据库安全保护方案。

4.1　数据备份概述

当数据库或表被恶意或误删除,虽然华为云关系型数据库服务支持 HA 高可用,但备机数据库会被同步删除且无法还原。因此,数据被删除后只能依赖于实例的备份保障数据安全。而数据备份的根本目的是数据的重复利用,即备份工作的核心是恢复,如果存在一个无法恢复的备份副本,那么对于任何系统来说这个副本都是毫无意义的。因此,理解数据备份的作用一定要明确地认识到,能够安全、方便而又高效地恢复数据,才是数据备份的真正价值所在。

4.1.1 数据备份的概念

传统的数据备份主要是采用内置或外置的磁带机进行冷备份。但是这种方式只能防止操作失误等人为故障,而且其恢复时间也很长。随着技术的不断发展,数据的海量增加,不少的企业开始采用网络备份。网络备份一般通过专业的数据存储管理软件结合相应的硬件和存储设备实现。而华为云数据库的备份与恢复是通过华为云数据库提供的备份与恢复服务实现数据库保护的一种方案,以保证数据的可靠性。

1. 数据备份

数据备份是容灾的基础,是指为防止系统出现操作失误或系统故障导致数据丢失,而将全部或部分数据集合从应用主机的硬盘或阵列复制到其他的存储介质的过程。所谓数据备份的实质是针对当前时间点上的数据的一个副本,如果说源数据被误删除了,可以通过副本数据找回来。从底层来分,数据备份可以分为文件级备份和块级备份。文件级备份是将云硬盘上所有文件通过调用文件系统接口备份到另一个介质上。也就是把数据以文件形式读出,然后存储在另一个介质上面。块级备份就是不管块上是否有数据,不考虑文件系统的逻辑,备份块设备上的每个块。

2. 数据压缩

云数据库备份后压缩率约为80%。其中,重复数据越多,压缩率越高。其计算公式为

$$压缩率=\frac{备份数据占用的空间}{源数据占用的空间}\times100\%$$

因为存在重复数据删除技术的数据压缩,备份的数据是源数据的压缩版本,备份数据不能够直接使用,需要恢复后才可以供业务主机正常读取。

3. 备份窗口

在通常情况下,数据备份会极大地影响业务服务器的响应能力,因此备份作业必须选择合适的作业时间,这个作业时间称为数据备份窗口。备份窗口是指一次备份操作从开始至结束的时间段,可以理解为在不影响业务应用程序的情况下,完成一次指定备份任务所需的时间。

4.1.2 数据备份的方式

云数据库的备份按照是否由系统自动发起,可分为自动备份和手动备份两种。

1. 自动备份

云数据库服务会在数据库实例的备份时段中创建数据库实例的自动备份。系统根据用户指定的备份保留期保存数据库实例的自动备份。如果需要,用户可以将数据恢复到备份保留期中的任意时间点。

创建云数据库实例时,系统默认开启自动备份策略,出于安全考虑,实例创建成功后不可关闭,用户可根据业务需要设置自动备份策略,云数据库服务将按照用户设置的自动备份

策略对数据库进行备份。

云数据库服务的备份操作是实例级的，而不是数据库级的。也就是说，云数据库备份是将一个数据库服务器实例上的所有数据库都做备份，而不是某个数据库或某几个数据库做备份。当数据库故障或数据损坏时，可以通过备份恢复数据库，从而保证数据可靠性。备份以压缩包的形式存储在对象存储服务上，以保证用户数据的机密性和持久性。由于开启备份会损耗数据库读写性能，建议选择业务低峰时间段启动自动备份。

云数据库默认开启的自动备份策略设置如下所述。

（1）保留天数：默认为 7 天。

（2）备份时间段：默认为 24 小时中，间隔 1 小时的随机的一个时间段，例如 01：00—02：00，12：00—13：00 等。备份时间段以 UTC 时区保存。如果遇到夏令时/冬令时切换，备份时间段就会因时区变化而改变。

（3）备份周期：默认为一周内的随机两天。

2．手动备份

用户还可以创建手动备份对数据库进行备份，手动备份是由用户启动的数据库实例的全量备份，会一直保存，直到用户手动删除。

4.1.3　数据备份的类型

根据数据备份的数据目标不同，可以将数据备份分为全量备份、差异备份和增量备份三种类型。

1．全量备份

全量备份是指在某一个时间点上所有数据的一个完整复制，即将所选备份内容的所有数据进行备份。在备份发起后到备份结束的这个阶段，如有数据变动，改变的部分数据将在下次备份操作时再进行备份。使用全备份方式，备份过程所需时间较长，备份数据占用的空间也较大，而且在数据改动频率较小的情况下，多次全备份的内容很可能相差无几甚至完全相同。但在恢复数据时，只需要最新的全备份副本，执行一次恢复操作即可恢复全部数据，恢复性能很高。

2．差异备份

备份自上次完全备份到现在发生改变的数据库内容，备份的文件比完整备份的文件小，备份速度更快。差异备份要求必须做一次完全备份，作为差量的基准点。也就是说，差异备份是以上一次的全备份为基准，仅备份新产生数据或更改数据的备份方式。如果此次差异备份操作以前未进行过任何备份操作，则此次备份需备份所有数据。差异备份方式的备份速度比全备份快，特别是在数据改动频率较小的情况下，差异备份方式的性能优势更大。但在恢复数据时，需要利用最新的全备份副本和最新的差异备份副本，在此基础上，执行两次恢复操作并将所得的全备份副本和差异备份副本进行整合，方可得到所需恢复数据，因此其恢复时间比全备份要长。

3. 增量备份

增量备份是以上一次备份为基准,备份新产生或更改的数据,而不管上次是全备份还是增量备份。如果此次增量备份操作之前未进行过任何备份,则此次备份需要备份所有数据。增量备份需要存储的数据最少,备份速度是3种备份类型中最快的,但恢复数据所需要的时间是最长的。因为在恢复数据时,必须具备最新的全备份副本和此前的所有增量备份副本,在此基础上,执行多次恢复操作,整合多个数据副本方可得到所需恢复数据。

关于全备份、差异备份和增量备份的示例如图4-1所示。备份周期代表备份作业的频率,可以是每天、每周、每月或定义的任意时长。假设图4-1所示中备份周期为每天,那么全备份在备份周期内每天都在备份所有的数据;如果在备份过程中采用全备份配合差量备份的方案下,假如某业务数据在每周日做全备份,每天做差异备份,那么周一做的差异备份是在周日的基础上做的,周二的差异备份仍然是在周日的基础上做的,依此类推;而采用全备份配合增量备份的方案下,假如某业务数据周日做全备份,每天做增量备份,那么周一做增量备份是在周日的基础上做的,周二做增量备份是在周一基础上的,依此类推。

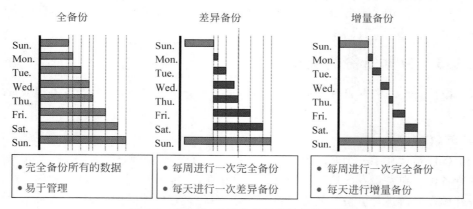

图4-1 全备份、差异备份和增量备份示例

选择备份类型时,需要根据不同的备份对象和应用要求进行具体分析。例如,对于操作系统和应用软件,在每一次系统更新或者安装新软件之后需要做一次全备份;对于每天需要大量更新且数据总量不大的关键应用数据而言,可以每天在业务空闲时候做一次全备份;对于每天需要少量更新或数据总量较大的关键应用数据而言,可以每月或每周做一次全备份,在此基础上每天做一次差异备份或增量备份。

全备份配合增量备份方案,恢复的时候比较复杂,需要依次恢复之前的每次增量备份直到全备份。例如,想要获得周四的恢复数据,需要依次恢复周四的增量备份,周三的增量备份,周二的增量备份,周一的全备份,恢复操作复杂,但这种方案节约空间。

全备份配合差异备份方案,恢复的时候比较方便,只需恢复当天的差量备份和周一的全备份,恢复操作简单,但是占用的空间稍大。

4.2 准备 RDS 备份示例

本节将以 WordPress 博客系统作为示例,演示云数据库的备份与恢复操作。通过在 WordPress 博客系统中发表博客文章更新云数据库内容,从而检验云数据库的备份与恢复前后的效果。下面将简单介绍 WordPress 博客系统的使用及博文发布操作。

4.2.1 登录博客系统后台

在客户端利用浏览器输入"http://弹性 IP/wordpress/wp-admin/"地址,打开博客系统登录界面,输入用户名和密码,打开博客系统后台管理界面,如图 4-2 所示。

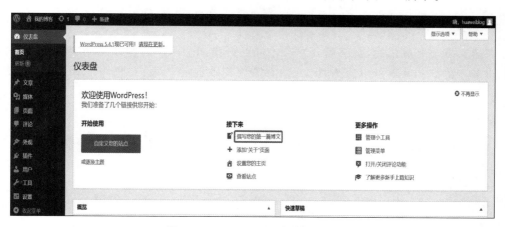

图 4-2 WordPress 后台管理界面

4.2.2 撰写第一篇博文

单击图 4-2 所示界面中的"撰写您的第一篇博文"链接,打开博客文章撰写界面,请读者激发灵感,开始书写博文吧! WordPress 博文撰写界面如图 4-3 所示。

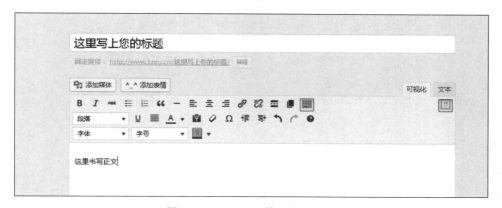

图 4-3 WordPress 博文撰写界面

4.2.3　选择或创建博文分类

博文撰写完成后,选择文章发表的分类栏目,如果没有分类,也可以新建一个分类。分类就是对所发表博文的分类,标签就是可以代表文章核心的一个或几个关键字,如图 4-4 所示。

添加分类时,首先在"新分类目录名"下侧的文本输入框中输入要创建的分类,此处输入为"学习",然后单击"添加新分类目录"按钮,即可成功添加分类。为博文添加标签时,可以在标签下方的文本输入框中输入要添加的关键字,关键字之间以逗号或回车分隔,如图 4-4 所示为添加"博客""随笔"标签后的效果。

4.2.4　发布博文

在博文撰写完成之后,最终需要发布才可以查看,单击图 4-5 所示界面中的"发布"按钮,发布博文。发布之后就可以查看博文,如有需要修改完善的地方,仍可返回编辑,如图 4-5 所示。

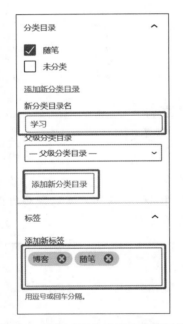

图 4-4　选择或添加文章分类和标签

图 4-5　发布博文

4.2.5　验证博文发布

当单击"发布"按钮之后,即可将用户新撰写的博文存入数据库,并在后台博文列表中显示博文的标题,如图 4-6 所示。

图 4-6 博文发布成功

4.3 云数据库备份

4.3.1 打开云数据库列表

登录华为云网站,进入云控制台界面,选择界面上方导航栏中的"服务列表"链接,选择"数据库"中的"云数据库 RDS"选项,如图 4-7 所示。

图 4-7 "云数据库 RDS"选项

4.3.2 创建数据库实例备份

选择关系型数据库列表中需要备份的数据库实例,单击"更多"按钮,在弹出的菜单中选择"创建备份"链接,在弹出的数据库备份窗口中输入备份名称,此处输入 backup-0001,最后单击"确定"按钮,系统会立即开始备份数据,如图 4-8 所示。

4.3.3 查看云数据库备份结果

在"云数据库 RDS"控制台,单击左侧导航栏中的"备份管理"链接,系统会显示云数据库 RDS 的备份列表,如图 4-9 所示。从图 4-9 中可以看到,备份名称为 backup-0001 的备份的状态是"备份中",表示系统正在创建数据库备份。注意,数据库备份和恢复操作需要几分

图 4-8　创建云数据库备份

钟的时间,建议在数据库备份或恢复结束后再对数据库进行下一步操作。等待几分钟后,云
数据库备份即创建成功。

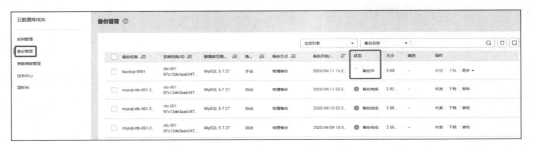

图 4-9　"云数据库 RDS"备份列表

4.4　云数据库恢复

华为云关系型数据库服务支持使用已有的自动备份和手动备份,将实例数据恢复到备
份被创建时的状态。该操作将恢复整个数据库实例的数据,也就是说,运行在该数据库实例
上的所有数据库都将被恢复。从某种程度上说,RDS 实例上的某个数据库需要恢复时,也
会影响其他数据库的正常使用。

4.4.1　恢复到新实例

1. 更新数据库数据

在第 4.3 节已经完成了云数据库的备份操作。为了验证数据库的恢复操作,对云数据库
进行更新,然后再将其恢复到第 4.3 节备份时的状态。首先在客户端本机登录 WordPress 博
客网站,然后发布第二篇博文,如图 4-10 所示。

2. 选择云数据库备份副本

返回"云数据库 RDS"控制台,选择左侧导航栏中的"备份管理"选项,选择本章第 4.3
节中创建好的数据库备份 backup-0001,如图 4-11 所示。

图 4-10 第二篇博文发布成功

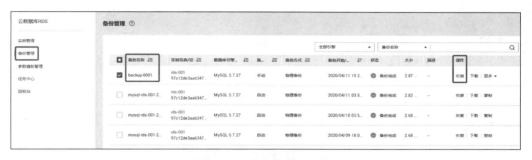

图 4-11 恢复数据库备份

3. 恢复云数据库到新实例

在图 4-11 所示界面中,单击"恢复"按钮,弹出"恢复备份"对话框,选择恢复到"新实例"选项,单击"确定"按钮,如图 4-12 所示。RDS for MySQL 不支持将备份恢复到原实例,如有需要,请先将备份恢复到新实例,然后将该实例的 IP 修改为原实例的 IP 即可。

图 4-12 恢复备份到新实例

4.4.2 配置新实例

1. 新实例参数选择

在图 4-12 所示界面中,单击"确定"按钮后,界面跳转到"恢复到新实例"对话框,恢复到新实例即是创建一个跟当前实例 rds-001 配置一样的云数据库服务器实例,为区分两者,将新实例命名为 rds-002。单击"提交"按钮,开始创建新的云数据库实例,如图 4-13 所示。

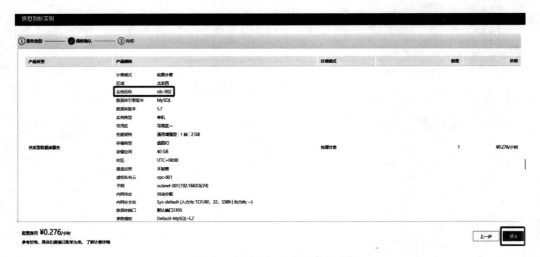

图 4-13 提交新实例配置规格

在创建新的数据库实例时,参数的配置应注意以下 3 点。

(1) 数据库引擎和数据库版本与原实例相同,默认的数据库端口为 3306,以上参数皆不可重置。

(2) 存储空间默认与原实例相同,且必须大于或等于原实例存储空间,数据库密码需重新设置。

(3) 其他参数为默认值,用户需设置的参数请参考第 2.3 节的内容。

2. 查看新实例状态

恢复到新实例为用户重新创建一个和该备份数据相同的实例。在"实例管理"界面,可看到实例由"创建中"变为"正常"状态,说明恢复数据库实例成功,如图 4-14 所示。恢复成功的新实例是一个独立的实例,与原实例没有关联。新实例创建成功后,系统会自动执行一次全量备份。

4.4.3 删除原实例

1. 删除原数据库实例

当用户恢复到新实例 rds-002 创建完成后,可以将原云数据库实例 rds-001 删除,如

(a) 新实例创建中

(b) 新实例创建完成

图 4-14　新实例的创建

图 4-15 所示。需要首先记下原云数据库实例的内网地址,然后再执行删除云数据库实例操作。首先选择 rds-001 实例,然后单击右侧"更多"下拉三角,在弹出的菜单中,选择"删除实例"选项,即可将原数据库实例删除。

图 4-15　删除原实例

2. 复原新实例内网地址

原云数据库实例 rds-001 被删除后,选择新实例 rds-002,单击实例名称链接,进入云数据库"基本信息"标签,如图 4-16(a)所示。单击内网地址旁边的"修改"按钮,将内网 IP 修改为原云数据库实例 rds-001 的内网 IP,如图 4-16(b)所示,最后单击"确定"按钮,完成参数的修改。

4.4.4　验证 RDS 恢复结果

在客户端本机重新登录 WordPress 博客网站,打开后台管理界面,检查第二次发布的博文是否还存在。如果发布的第二篇博文不存在,就表示数据库已经被恢复到之前的状态,如图 4-17 所示。

到此为止,本章以执行云数据库备份与恢复任务为主线,在个人博客网站搭建成功的基础上继续加深对关系型数据库功能和操作的理解。通过使用 WordPress 网站发布博文,利用华为云平台创建数据库备份和恢复数据库操作,学习并掌握用云数据备份与恢复操作过程和效果,提倡"做中学,学中做"的思想,掌握相关的知识和技能。

(a)rds-002基本信息

(b) 修改RDS内网IP地址

图 4-16   修改新实例内网地址

图 4-17   数据库恢复后的博客网站

4.5   本章小结

　　本章在介绍数据备份基本概念的基础上,通过完成个人博文发布、云数据库的备份和恢复任务的实施,掌握华为云平台有关云数据库备份和恢复的基本操作,从中也能体验到数据备份与恢复的过程,掌握数据备份与恢复的基本理论。

WordPress 是一款功能很强大的网站开源程序,管理起来非常方便而且具有定时发布博文的功能。本章以博客系统对数据库的数据更新操作为例,详细地介绍了云数据备份与恢复的基本过程。云数据库备份与恢复的基本过程是:首先选择关系型数据库列表中需要备份的数据库实例创建备份,数据库备份完成后,即可在"备份管理"界面单击"恢复"按钮实现云数据库的恢复操作。

习题

1. 什么是数据备份?数据备份的实质是什么?
2. 数据备份的类型有哪些?它们各有什么优缺点?
3. 什么是备份窗口?如何选择备份窗口?
4. 尝试给云硬盘备份创建一个备份策略。
5. 简述云数据库 MySQL 引擎恢复过程。

第5章　存储容灾服务

随着计算机技术的快速发展，每个企业都在大量地使用计算机处理自己的核心数据，这些数据往往是企业生产经营必不可少的部分。依赖这些数据的计算机系统的停机往往会造成企业生产经营活动的停顿，给企业造成巨大的损失。可以说，这些数据就是企业的生命核心。企业的 IT 管理员为了保证生产经营活动的持续运行，不断地加强对系统和数据的保护，如使用基于双机的高可用技术，磁盘阵列系统的 RAID 技术等。然而，人们依然无法回避由于云硬盘故障、人为失误、应用程序的逻辑错误和自然灾害等原因而导致系统死机或者数据丢失。当生产站点因为不可抗力因素（如火灾、地震）或者设备故障（软、硬件破坏）导致应用在短时间内无法恢复时，存储容灾服务可提供跨可用区 RPO＝0 的服务器级容灾保护。采用存储层同步复制技术提供可用区间的容灾保护，满足数据崩溃一致性，当生产站点故障时，通过简单的配置，即可在容灾站点迅速恢复业务。

通过本章，您将学到：

(1) 利用存储容灾服务给弹性云服务器创建容灾保护；

(2) 存储容灾服务的容灾演练；

(3) 存储容灾服务的容灾切换；

(4) 存储容灾服务的容灾切回；

(5) 存储容灾服务的资源清理。

随着 IT 技术的广泛应用，各类应用系统对存储提出了安全性需求和业务连续性需求。为了增强数据安全性，企业需要使用数据备份技术。为了保障业务连续性和系统可用性，企业需要使用容灾技术。因为企业 IT 系统时刻面临着数据丢失、数据破坏和业务中断的三大风险，一旦企业的业务发生中断，所导致的损失以百万美元每小时计算。

存储容灾服务（Storage Disaster Recovery Service，SDRS）是一种为弹性云服务器、云硬盘和专属分布式存储等服务提供容灾的服务。该服务主要通过存储级复制技术、数据冗余技术和缓存加速等多项技术，为用户提供高级别的数据可靠性和业务连续性，简称存储容灾服务。

5.1　容灾概述

备份技术在一定程度上可以防范操作失误、病毒、人为破坏、软件缺陷、系统故障等因素引起的数据逻辑错误。然而如果发生设备级故障、数据中心级灾难或区域性灾难,就有可能造成整个数据中心的永久性数据丢失,此时,基于数据中心内部的数据备份便无能为力了。在此,设备级故障主要是指硬盘损坏、存储设备组件损坏、整个存储系统宕机等情况;数据中心级灾难主要是指数据中心长期因电源故障、空调故障、火灾等导致的整个业务系统瘫痪的情况;区域性灾难主要是指因水灾、地震等重大灾难导致整个区域的 IT 系统瘫痪的情况。为了有效应对这些灾难和故障对业务系统连续性和数据安全性带来的挑战,企业 IT 系统需要引入容灾备份方案,以保证企业业务的连续性和企业信息系统的可用性。

5.1.1　容灾的概念及分类

1．容灾基本概念

备份是容灾的基础,通常是指在数据中心内,将全部或部分数据集合从应用主机的硬盘或阵列复制到其他的存储介质的过程。

灾难(Disaster)是由于人为或自然的原因,造成一个数据中心内的信息系统运行严重故障或瘫痪,使信息系统支持的业务功能停顿或服务水平不可接受、达到特定的时间的突发性事件,通常导致信息系统需要切换到备用场地运行。

灾难恢复(Disaster Recovery)是指当灾难破坏生产中心时在不同地点的数据中心内恢复数据、应用或者业务的能力。

容灾通常是指在本地或者异地建立一套或多套具备生产主系统功能的 IT 系统,并实时或周期性地同步生产数据。容灾系统和生产系统二者之间通过健康状态监测,在灾难发生时实现功能切换,以防止设备级故障、数据中心级故障或区域性灾难等造成的数据永久性丢失或 IT 系统业务中断。在生产过程中,一旦生产系统出现意外并停止工作,整个业务可以快速切换到容灾系统,实现生产数据的快速恢复,保证生产业务的连续性。

2．容灾系统的分类

不同的业务系统需要不同等级的保护。根据对系统保护程度不同,容灾可以分为数据级容灾、应用级容灾和业务级容灾。

数据级容灾是一种通过建立容灾中心实现数据远程备份的数据容灾方式,它针对的是生产资料的容灾,其保护对象是生产系统的数据。目的在于防止意外或灾难造成生产数据的永久性丢失。与数据备份类似,当生产数据由于某种原因失效,生产系统需要通过远程复制等技术将数据从远程的容灾中心恢复到本地,这个过程往往耗时较长。所以,数据级容灾在灾难发生时,需要中断应用进行数据的恢复,无法保证业务的连续性。相比于其他容灾级别,如应用级容灾和业务级容灾,数据级容灾具有投入成本低、实施简单等优势。

应用级容灾针对的是生产者和生产资料的容灾,其保护对象主要是生产系统的应用及数据,除了需要实时或周期性备份生产数据之外,还需在容灾中心构建一套能接管生产业务的应用系统。一方面,通过同步或异步复制技术来尽可能保持主备生产系统的数据统一;另一方面,通过多种软件实现多种应用程序在主备生产系统之间进行快速切换,确保灾难发生时关键应用可以在业务可容忍的时间间隔内恢复运行。通过对生产系统实施应用级容灾,有助于保证系统所提供服务是完整而可靠的,进而保证用户业务是连续的,从而尽可能减少灾难带来的损失。

业务级容灾是针对生产环境、生产者和生产资料的全面容灾,其保护对象是整个生产系统及其运作的环境。业务级容灾是全业务的灾备,除了需要同步生产数据和备份应用程序外,还需要构建一套具备全部基础设施和相关技术的完整 IT 系统,甚至需要备份一些与 IT 系统无关的设施,如电话、办公地点等。灾难发生时,原有的生产系统和办公场所都可能会受到破坏,数据和应用可以从容灾中心的备份系统中进行恢复,正常开展业务需要的工作场所自然也可以由容灾中心提供。

3. 容灾衡量指标

衡量容灾系统的两个关键指标分别是恢复时间目标(Recovery Time Objective,RTO)和恢复点目标(Recovery Point Objective,RPO)两个指标。RPO 与 RTO 越小,系统的可用性就越高,当然用户需要的投资也越大。

(1) RTO,是指灾难发生后,信息系统或业务功能从停止运作至必须恢复运作的时间要求。RTO 代表了系统恢复的时间。

(2) RPO 是指灾难发生后,信息系统和业务数据必须恢复到的时间点要求。RPO 代表了当灾难发生时允许丢失的数据量。

图 5-1 所示为 RPO 和 RTO 的示意。从图中可以看出,RTO 和 RPO 均以时间度量,以发生故障的时间点为原点,故障时间点延数轴向右到应用恢复所经历的时间即系统恢复时间;从故障点延数轴向左到数据恢复的点称为系统恢复点。一般来说,RTO 更多的是指系统切换时间,RPO 更多的是指系统允许丢失的数据量。两个指标取值越小,对系统容灾的要求越高。

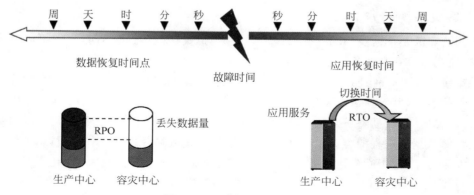

图 5-1　RPO 与 RTO 示意图

5.1.2　高可用

高可用(High Availability,HA)是指提供在本地系统单个组件故障的情况下,能继续访问应用的能力。单个组件故障可以是业务流程故障,也可以是物理设施、IT软/硬件系统的故障,最好的高可用性设计就是数据中心的一台机器发生宕机后,用户完全觉察不到系统的故障,数据中心的服务能够实现用户无感知的故障切换(Failover)。但是一般数据中心的机器发生宕机事件后,完成该机器上所运行服务的故障切换都需要一定的时间,导致客户有所感知。

HA的关键指标是可用性,其计算公式为

$$可用性 = 1 - \frac{宕机时间}{宕机时间 + 运行时间}$$

业界通常用几个9来表示系统可用性,对于365×24小时运转的业务来说,宕机时间与运行时间之和为365×24×60min。

(1) 4个9是指99.99%,系统宕机时间=0.01%×365×24×60=52.56(min/a);

(2) 5个9是指99.999%,系统宕机时间=0.001%×365×24×60=5.256(min/a);

(3) 6个9是指99.9999%,系统宕机时间=0.0001%×365×24×60×60≈31(s/a)。

对HA来说,业务服务器常常使用共享存储架构设计,这样的话可以满足RPO=0的要求;同时对于高可用集群一般使用Active/Active(双活集群)架构,双活集群HA部署模式使得RTO几乎为0;若采用Active/Passive(主备集群)模式部署的HA集群,则需要将RTO减少到最小限度。

5.1.3　容灾、备份与HA

1. 容灾与备份

一般所说的备份主要采用备份软件技术实现,而容灾通过复制或镜像软件实现。两者的根本区别在于备份软件处理后的数据格式不一致,必须恢复后才可使用;而复制或镜像软件处理后的数据格式不发生变化,直接挂载给主机即可使用。

容灾和备份具有以下区别。

(1) 容灾主要针对火灾、地震等重大自然灾害,因此生产站点和容灾站点之间必须保证一定的安全距离;备份主要针对人为误操作、病毒感染、逻辑错误等因素,用于业务系统的数据恢复,数据备份一般是在同一数据中心进行。

(2) 容灾系统不仅保护数据,更重要的目的在于保证业务的连续性;而数据备份系统只保护不同时间点版本数据的可恢复。一般首次备份为全量备份,所需的备份时间会比较长,而后续增量备份则在较短时间内就可完成。一般备份为数据保护的最后一条防线,偏向于归档这个层面更多。

(3) 容灾的最高等级可实现RPO=0;备份可设置一天最多24个不同时间点的自动备份策略,后续可将数据恢复至不同的备份点。

（4）两者的数据保护的周期不一致，在故障情况下（如地震、火灾），容灾系统的切换时间可降低至几分钟；而备份系统的恢复时间可能几小时到几十小时。

2. 容灾与 HA

表 5-1 所示为容灾与 HA 的对比分析。从应用场景看，HA 在数据中心本地高可用系统居多，而容灾多是异地的高可用系统；从是否共享物理存储设备来看，HA 多是共享存储，容灾则是异地存储；HA 与容灾在发生故障时切换的对象不同，HA 是在集群内切换，而容灾是在数据中心之间切换；两者所要达到的目标也不相同，具体参见表 5-1。

表 5-1　容灾与 HA 的比较

维度	HA(High Availability)	DR(Disaster Recovery)
场景	HA 是指本地的高可用系统，表示在多个服务器运行一个或多种应用的情况下，应确保任意服务器出现任何故障时，其运行的应用不能中断，应用程序和系统应能迅速切换到其他服务器上运行，即本地系统集群和热备份	DR 是指异地(同城或者异地)的高可用系统，表示在灾害发生时，数据、应用以及业务的恢复能力
存储	HA 往往是用共享存储，因此不会有数据丢失(RPO＝0)，更多的是切换时间长度考虑，即 RTO	异地灾备的数据灾备部分是使用数据复制，根据使用的不同数据复制技术(同步、异步)，数据往往有损失，从而导致 RPO＞0；而异地的应用切换往往需要更长的时间，即 RTO＞0
故障	主要处理单组件的故障导致负载在集群内的服务器之间的切换	应对大规模的故障导致负载在数据中心之间做切换
网络	LAN 尺度的任务是 HA 的范畴	WAN 尺度的任务是 DR 的范围
云	HA 是一个云环境内保障业务持续性的机制	DR 是多个云环境间保障业务持续性的机制
目标	HA 主要是保证业务高可用	DR 是保证数据可靠的基础上的业务可用

5.2　存储容灾服务

随着云时代的发展，越来越多的企业将关键业务和数据上云，云数据中心也遭受着自然灾害、人为事故或设备故障带来的巨大困扰，因此云上容灾成为企业 IT 不可或缺的解决方案。存储容灾服务是一种为弹性云服务器、云硬盘和专属分布式存储等服务提供容灾的服务。其主要通过数据复制、冗余和缓存加速等多项技术，来保证用户的数据可靠性以及业务连续性，简称为存储容灾(SDRS)。

存储容灾服务有助于保护业务应用，一种应用场景是将弹性云服务器上的数据、配置信息复制到容灾站点，并允许业务应用所在的服务器停机期间从另外的位置启动并正常运行，从而提升业务连续性。另一种应用场景是通过存储容灾服务来实现容灾演练，验证数据的有效性。

5.2.1　存储容灾概述

1．存储容灾基本术语

（1）生产站点：正常情况下承载业务的数据中心机房。其可以独立运行，对业务的正常运作起到直接支持作用。对于存储容灾，生产站点在创建保护组时被指定，即租户的服务器所在的位置。

（2）容灾站点：正常情况下不直接承载业务的机房。其主要用于数据实时备份，在生产站点发生故障（计划性和非计划性）时可以通过执行容灾切换接管业务，地理上不一定与业务管理中心接近，可以在同一个城市，也可以在不同城市。当前华为云存储容灾服务仅支持选择与生产站点在同一个地区的不同可用区。

（3）保护组：用于管理一组需要复制的服务器。一个保护组可以管理一个虚拟私有云下的服务器，若租户拥有多个虚拟私有云，则需要创建多个保护组。

（4）保护实例：一对拥有复制关系的服务器。保护实例仅属于一个特定的保护组，因此这对服务器所在位置与保护组的生产站点或容灾站点相同。

（5）复制对：一对拥有复制关系的云硬盘。复制对仅仅属于一个特定的保护组，且可以挂载给同一个保护组下的保护实例。

（6）容灾切换：临时关闭生产站点服务器而进行的有计划性的业务迁移，业务从生产站点的可用区切换到容灾站点的可用区。容灾切换后生产站点与容灾站点之间的数据同步且不中断，但是容灾方向更改为从容灾站点到生产站点，此时容灾站点可用区内的云服务器和云硬盘等资源均可启动。

（7）容灾演练：为了确保一旦发生故障切换后，容灾机能够正常接管业务而进行的操作。通过容灾演练，模拟真实故障恢复场景，制订应急恢复预案，当真实故障发生时，可通过预案快速恢复业务，提高业务连续性。

2．存储容灾基本原理

图 5-2 所示为存储容灾服务的基本架构。存储容灾服务的保护组创建在两个可用区之间，生产站点和容灾站点分别属于两个可用区，用户可以选择要保护的生产站点和容灾站点，并创建保护组。虽然生产站点服务器和容灾站点服务器处于不同的可用区，但它们属于同一个虚拟私有云。保护组创建完成之后，需要向保护组添加保护实例。在创建保护实例的过程中，会在保护组的容灾站点创建对应的服务器和云硬盘，服务器规格可根据需要进行选择，也可以选择与生产站点服务器规格不同的容灾站点服务器创建保护实例，容灾站点云硬盘规格与生产站点云硬盘规格相同，且自动组成复制对。保护实例创建后，容灾站点服务器处于关机状态。这些自动创建的资源（包含服务器、磁盘等）在切换或者故障切换前无法使用。用户开启指定保护组下的所有资源为保护状态时，当生产站点服务器的云硬盘写入数据时，存储容灾服务会实时同步数据到容灾站点服务器的云硬盘。

假设用户在华为云某区域的 AZ1 上部署了业务 A 和业务 B，包含 N 台云服务器和 M

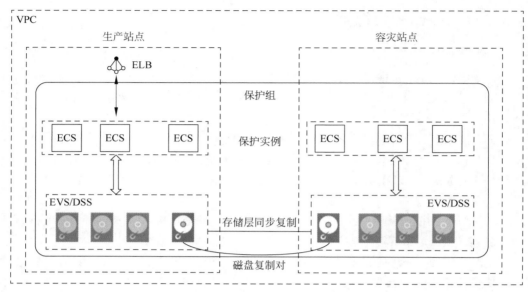

图 5-2　存储容灾服务的基本架构示意

块云硬盘,作为生产站点,使用 SDRS 可根据业务需要创建保护组,比如保护组 1 和保护组 2,分别用来承载业务 A 和业务 B,为保护组创建对应的保护实例和复制对,完成容灾站点的部署,根据业务需要将保护组开启保护。当生产站点中与业务 B 相关的云服务器发生故障时,可在保护组 2 中一键执行故障切换操作将业务 B 迁移至容灾站点,并手动开启容灾站点的云服务器,提高业务 B 的连续性,SDRS 服务可以提供满足 RPO＝0 的要求,最大限度地保证数据的可靠性。

3. SDRS 的功能

SDRS 提供以下 4 个功能模块。

(1) 管理保护实例:可根据业务需求和策略,灵活调整保护实例。

(2) 管理复制对:复制对就是 SDRS 保护组内由生产站点实例和容灾站点实例所挂载云硬盘组成的一对复制关系。复制对属于一个特定的保护组并且将该复制对挂载给这个特定的保护组下的保护实例。SDRS 具有挂载复制对、卸载复制对、扩容复制对和删除复制对功能。

(3) 容灾演练:用户在不影响正常业务运行的情况下实施的运维演练任务。通过演练检验容灾方案设计的适用性和有效性。

(4) 数据容灾:在保护组创建后,通过执行切换或切回、故障切换或故障切回的操作能够实现对用户数据的容灾保护。

4. SDRS 的优势

SDRS 具有如下优势。

(1) 数据一致性:通过存储同步复制技术,能够实现生产站点和容灾站点之间 RPO＝0

的一致性。

（2）高性价比：相比传统容灾方案，SDRS能够大大节省硬件、电力、维护成本。小型数据中心容灾云化后，容灾TCO(Total Cost of Ownership)即总拥有成本降低60%。

（3）灵活配置：基于业务策略按需配置云服务器保护实例，可将同一业务的云服务器成组进行保护。

（4）操作简单：生产站点发生故障时，可一键切换业务至容灾站点，简单操作即可恢复业务。

5.2.2　容灾切换概述

1. 容灾切换概念

容灾切换是指人为地关闭生产站点服务器，将业务从生产站点可用区切换到容灾站点可用区，完成容灾切换操作后数据实现反向同步，即数据同步为从容灾站点到生产站点，最后开启容灾站点可用区内的服务器和云硬盘等资源实现业务的计划性迁移。

2. 切换过程

SDRS容灾切换示意如图5-3所示。图5-3(a)所示为容灾切换前的SDRS保护态，图5-3(b)所示为容灾切换后的状态。图5-3(a)所示中，生产站点中的保护组包括两台ECS保护实例，内网地址分别是192.168.1.20和192.168.1.21，假设192.168.1.20实例为一台Web服务器，192.168.1.21实例为配套Web服务器的数据库服务器。在容灾切换前，保护组的方向是AZ1向AZ2复制数据，而在容灾切换发生后，切换操作会改变保护组的容灾方向为AZ2向AZ1复制数据，相应的生产站点的业务将切换到容灾站点业务，如图5-3(b)所示。当发生切回操作时，容灾站点可用区的业务又将切回至源生产站点可用区。

SDRS生产站点位于可用区AZ1，切换前需确保保护组已开启保护，并且保护组的状态为"可用"状态。切换后，生产站点和容灾站点的数据仍然处于被保护状态，只是数据的复制方向与操作之前的方向相反。

容灾切换前需临时关闭生产站点服务器，然后执行SDRS切换动作，切换完成后，保护组状态重新变为"可用"，当前的优先端服务器位于目的端可用区，此时将优先端可用区的云服务器开机，即可完成SDRS的容灾切换操作。

在执行切回操作时，当前的优先端位于目的端可用区AZ2，执行切回操作前需要临时关闭目的端云服务器。切回前，需要确保保护组已开启保护，并且保护组的状态为"可用"状态，然后执行切回操作。切回完成后，保护组的状态变为"可用"时，再将优先端可用区AZ1的云服务器开机，此时业务又切回至AZ1的生产站点。

5.2.3　容灾演练概述

为保证在灾难发生时，容灾切换能够正常进行，建议用户定期做容灾演练。容灾演练的主要目的是检查生产站点与容灾站点的数据能否在创建容灾演练那一刻实现实时同步，检查执行切换操作后，容灾站点的业务是否可以正常运行。当用户对突发情况做出预演形成常态化机制后，当真正故障发生时，用户能够从容、淡定地应对各种突发故障。

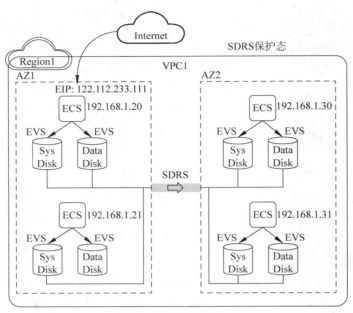

(a) 容灾切换前状态

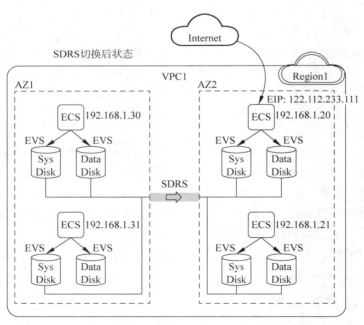

(b) 容灾切换后状态

图 5-3 SDRS 容灾切换

1．容灾演练概念

容灾演练是指在不影响业务的情况下，通过容灾演练，模拟真实故障恢复场景，制定应急恢复预案，检验用户所设计的容灾方案是否适用和是否有效。从而达到当真实故障发生时，通过预案能够快速恢复数据和业务的目的，保证业务的连续性。

2．容灾演练过程

存储容灾服务提供的容灾演练功能示意如图 5-4 所示。SDRS 容灾演练是在演练 VPC（该 VPC 不能与容灾站点服务器所属 VPC 相同）内执行，由于演练 VPC 与生产站点和容灾站点所属的 VPC 不同，因此，生产站点和容灾站点之间的保护组在演练期间可以不中断保护。而演练 VPC 内的云服务器只用于容灾演练使用，不对外提供业务服务。容灾演练时的 ECS 实例是基于容灾站点服务器的磁盘快照快速生成，通过该快照快速创建与容灾站点服务器规格、磁盘类型一致的容灾演练服务器来检查容灾方案的有效性。所谓磁盘快照，指的是磁盘数据在某个时刻的完整复制或镜像，是一种重要的数据容灾手段，当数据丢失时，可通过快照将数据完整地恢复到快照时间点。当容灾演练服务器创建完成后，生产站点服务器和容灾演练服务器同时独立运行，数据不再实时同步。

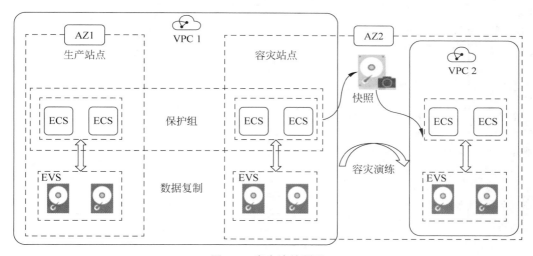

图 5-4　容灾演练原理

从上述容灾演练的过程可以看出，容灾演练时不需要向终端提供业务服务，同时生产站点和容灾站点之间的保护组也不需要中断保护状态，用户随时可以根据需要发起容灾演练，演练所创虚拟机 IP 与生产站点一致，但是 IP 所在 VPC 不同。

5.3　实施存储容灾服务

本小节以开源 OA（办公自动化）系统"信呼"为实例，围绕华为云的存储容灾服务，从存储容灾切换、容灾演练的具体实施带领大家逐步学习 SDRS 的部署及应用。需要注意的是，客户端本地登录远程云服务器时,需要关闭浏览器的代理。

5.3.1 准备 SDRS 保护实例

1. 创建 ECS 实例

登录华为云平台,进入"弹性云服务器"控制台,创建两台 ECS 实例,一台 ECS 实例命名为 ecs-OA,部署开源的办公自动化系统信呼 OA,另外一台 ECS 实例命名为 ecs-Database,充当数据库服务器,在 ECS 实例上安装部署 MariaDB 数据库。具体 ECS 实例的创建步骤可参阅第 2.2 节。需要注意的是,当 ecs-OA 云服务器的操作系统为 CentOS 7.5 时,信呼应用安装部署正常。其他操作系统版本请读者自行尝试。下面给出创建的 ECS 实例的具体参数,如表 5-2 所示。

表 5-2 弹性云服务器配置

配置项	ecs-OA 样例取值	ecs-Database 样例取值
计费模式	按需计费	按需计费
区域	华东-上海二	华东-上海二
可用区	可用区 1	可用区 1
CPU 规格	通用计算增强型 c6. large. 2	通用计算增强型 c6. large. 2
镜像	公共镜像(CentOS 7.5 64bit(40GB)),主机安全可选	公共镜像(CentOS 7.5 64bit(40GB)),主机安全可选
系统盘	超高 I/O,容量 40GB	超高 I/O,容量 40GB
网络	VPC-default	VPC-default
安全组	Sys-WebServer、Sys-Default	Sys-Default
弹性 IP	现在购买	现在购买
线路	静态 BGP	静态 BGP
公网带宽	按带宽计费	按带宽计费
带宽大小	1Mb/s	1Mb/s
ECS 名称	ecs-OA	ecs-Database
登录凭证	密码自行设定	密码自行设定

注:ecs-OA 需要提供 Web 访问,安全组要选中 Sys-WebServer 选项。

2. 部署 MariaDB 数据库

MariaDB 数据库管理系统是 MySQL 的一个分支,主要由开源社区维护,采用 GPL 授权许可 MariaDB 的目的是完全兼容 MySQL,包括 API 和命令行,使之能轻松成为 MySQL 的代替品。MariaDB 在扩展功能、存储引擎以及一些新的功能改进方面甚至要强过 MySQL。

(1)登录 ecs-Database 云服务器。用户可以通过 Putty、SecureCRT 或 Xshell 等工具登录到云服务器,此处以 Putty 界面为例,如图 5-5 所示,在 Host Name 编辑框内输入弹性云服务器的公网弹性 IP,端口选择为 22 号,单击 Open 按钮即可登录云服务器。

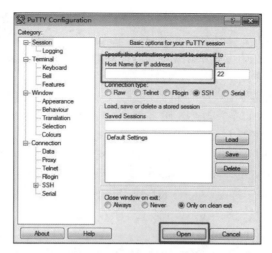

图 5-5　Putty 登录云服务器

（2）安装 MariaDB 数据库。使用 Putty 登录 ecs-Database 云主机安装 MariaDB 数据库管理系统。在命令行界面执行命令：yum -y install mariadb-server mariadb，通过 yum 源安装 MariaDB 数据库。在安装过程中，会出现如图 5-6 所示的确认信息，直接输入 y 即可。

图 5-6　安装 MariaDB

（3）设置 MariaDB 为开机自启动。在命令行界面下，执行命令组合"systemctl start mariadb；systemctl enable mariadb；sync；"，即可启动数据库服务并设置 MariaDB 数据库为开机自启动。

（4）数据库权限及密码修改。首先，在命令行执行命令：mysql，进入 MySQL 的命令行界面，在 MySQL 命令行界面执行如下命令：

GRANT ALL PRIVILEGES ON *.* TO 'root'@'%'IDENTIFIED BY '123456'WITH GRANT OPTION;

该命令的含义是赋予 root 用户对所有数据库和表的操作权限，所有 IP 地址都可以 root 用户登录数据库，连接时的密码为 123456，并允许级联赋权。

（5）创建信呼 OA 的数据库。在 MySQL 命令行界面执行命令："CREATE DATABASE xinhu;"，即可创建名称为 xinhu 的数据库，然后接着执行命令："flush privileges;"，刷新 MySQL 的系统权限相关表，使设置马上生效。

到此，数据库服务器 ecs-Database 成功部署安装了 MariaDB 数据库，并为信呼 OA 创建了数据库。

3. 部署信呼 OA

信呼是一款免费开源的 OA 办公系统,具有跨平台部署的优势,可支持 App,电脑网页版,电脑客户端,具有即时通信等功能。除部分模块收费插件外,其余源代码全部开放,用户可以部署到 ECS 上直接使用。

(1)登录 ecs-OA 云服务器。用户可以通过 Putty、SecureCRT 或 Xshell 等工具根据 ECS 实例的弹性公网 IP 地址登录到云服务器。登录完成之后,执行命令:yum -y install lrzsz,完成 Linux 环境下传输文件工具的安装。

(2)部署 ecs-OA 的 LAMP 环境。在 ecs-OA 实例的命令行界面执行命令组合:"yum install httpd -y; service httpd start; chkconfig httpd on; yum install php -y; yum install php-mysql -y",能够批量完成 Apache、PHP 以及 php-mysql 扩展服务程序的安装,并设置 httpd 服务在 Linux 各运行级别均为"On"状态,即开机自动启动服务状态,如图 5-7 所示。

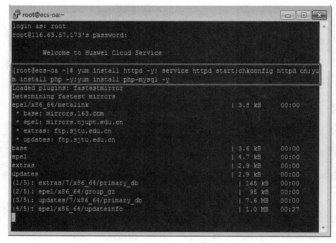

图 5-7　安装 Apache 和 PHP 服务程序

(3)上传信呼 OA 安装程序。从信呼官网下载信呼 OA 最新版安装程序或从本书所附链接获取信呼安装程序。在 ecs-OA 实例的命令行界面执行命令:rz,将信呼 zip 安装包上传到弹性云服务器的当前目录,此处以信呼 v1.8.6 版本为例。然后,执行命令组合:"unzip -d./xinhu xinhu_utf8_v1.8.6.zip; sleep 2; mv xinhu /var/www/html/; sleep 1; chmod -R 777 /var/www/html/xinhu/; service httpd restart; sync;",完成安装包的解压、移动安装程序到 Apache 网站根目录、修改权限的工作,最后重启 Apache 的 httpd 服务。

(4)安装信呼 OA。在客户端本机浏览器输入地址:ecs-OA 实例的弹性公网 IP/xinhu,即可打开信呼 OA 的安装界面,如图 5-8 所示。

在图 5-8 所示界面中,单击"知道了"按钮,继续安装信呼 OA,在如图 5-9 所示的数据库选项配置界面,其中数据库地址为"ecs-Database"实例的私有 IP 地址,用户名为"root",密码为"123456",数据库名称为"xinhu",单击"提交安装"按钮,在数据库选项配置正确的前提下,即可完成信呼 OA 的安装,安装成功界面如图 5-10 所示。

安装使用前必读：

我们网站：http://www.rockoa.com/

产品名称：信呼

源码仅供学习开发使用，禁止原封不动出售。

版权来自：信呼开发团队，二次开发请标识来自《信呼》。

为了您使用系统安全请时时关注官网在线升级，有出现bug漏洞等要及时修复，尽量不要将自己公网地址暴露给不相关人员。

技术支持：信呼开发团队，责任声明

当前版本：V1.8.6

在线演示　已安装？直接登录

知道了

Copyright ©2019 信呼v1.8.6 www.rockoa.com　-　技术支持：信呼开发团队

图 5-8　信呼 OA 的安装界面

数据库采用是MySQL，请先配置好本地

PHP版本：5.4.16

操作系统：Linux

操作数据库方法：　mysqli(推荐)

mysql数据库引擎：　MyISAM　[看区别]

*数据库地址：192.168.0.50

*用户名：root

数据库密码：123456　　　您的数据库密码

数据库名称：xinhu

*表名前缀：xinhu_

<<返回　　提交安装

Copyright ©2020 信呼v1.8.6 www.rockoa.com　-　技术支持：信呼开发团队

图 5-9　信呼 OA 数据库配置界面

（5）登录信呼 OA。安装完成后，登录信呼 OA，单击首页的"用户管理"按钮，显示界面如图 5-11 所示，可以在该界面进行信呼用户的维护工作，至此为止，信呼 OA 成功部署，存储容灾服务的保护实例部署工作完成。在实际工作中，企业用户可以直接跳过第 5.3.1 节，直接部署存储容灾服务，本书在此部署信呼 OA 仅为演示存储容灾服务所需保护的 ECS 实例使用。

√安装完成

前去登录页面　访问信呼官网

登录系统管理员帐号：admin，密码：123456

记得删除安装目录(webmain/install)哦，[马上删除]

图 5-10　信呼 OA 安装成功界面

图 5-11　信呼 OA 的用户管理

5.3.2 创建存储容灾服务

存储容灾服务的操作流程：首先，需要确认用户想要复制的生产站点和容灾站点位置，并创建保护组；然后，为需要容灾的云服务器创建保护实例，并将其添加到指定的保护组中；最后，开启保护，即可将数据同步传输到容灾站点服务器。

1. 创建保护组

（1）定位 SDRS 服务。登录云控制台，选择"服务列表"→"存储"→"存储容灾服务SDRS"选项，打开如图 5-12 所示界面。在图 5-12 所示界面中，单击右上角的"＋创建保护组"按钮，打开创建保护组界面，如图 5-13 所示。

图 5-12　SDRS 服务首页

（2）配置保护组。目前存储容灾服务仅支持同一区域不同可用区之间的容灾，因此在图 5-13 所示的界面中，区域的选择要与所保护的 ECS 实例在同一个区域。容灾方向选择的是生产站点到容灾站点的数据复制方向。此处取值样例为可用区 1 到可用区 2，即将当前部署在可用区 1 主机的存储数据复制一份到可用区 2。设置保护组的所属 VPC 时，要和保护的 ecs-OA 云服务器所在的 VPC 一致。保护组的名称，用户可以自行命名，也可以保持默认。配置完成后，单击"立即申请"按钮，即可创建保护组。

图 5-13　创建保护组界面

2. 创建保护实例

（1）选择保护组。在存储容灾服务控制台界面下，显示所有已创建的保护组，根据需要选择需创建保护实例的保护组。在每个保护组的界面上显示着该保护组所在区域、容灾方向、所属 VPC、保护实例、复制对等信息,如图 5-14 所示。

图 5-14 保护组列表界面

(2) 创建保护实例。在图 5-14 所示界面中,单击"保护实例"链接,进入保护组详情界面,如图 5-15 所示。单击"保护实例"标签中的"创建"按钮,打开创建保护实例界面,如图 5-16 所示。

图 5-15 创建保护实例

(3) 选择保护实例。在图 5-15 所示界面中,在生产站点服务器中选中要保护的云服务器,此处选择 esc-OA 服务器实例,如图 5-16 所示。选中 ecs-OA 后,容灾站点的服务器和云硬盘便自动处于选择状态,此时可以命名保护实例的名称,也可保持默认,最后单击界面右下角的"立即申请"按钮,打开如图 5-17 所示的规格确认界面,确认无误后,单击界面下方的"提交"按钮,系统开始创建保护实例。

创建保护实例后,SDRS 服务会根据生产站点的被保护实例 ecs-OA 配置,自动地在容灾站点端创建相同规格的计算 ECS 和云硬盘资源。在创建完成后,生产站点的云硬盘和容灾站点的云硬盘便自动组成复制对关系。

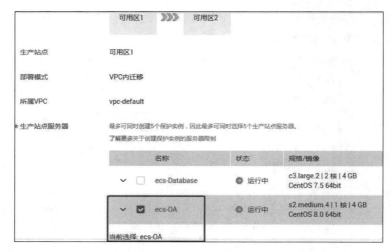

图 5-16 选择 esc-OA 保护实例

产品名称	产品规格		计费模式
保护实例	保护组名称	Protection-Group-1478	按需计费
	保护组ID	83351d05-c352-480f-b7ec-d69707c3ed65	
	生产站点	可用区1	
	部署模式	VPC内迁移	
	生产站点VPC	vpc-default	
	保护实例名称	Protected-Instance-1cb9	
	生产站点云服务器名称	ecs-OA	
	生产站点云服务器ID	137212dc-d2a5-449b-b4d3-d5c73f3b277f	
	生产站点云服务器规格	c3.large.2	2 核	4 GB	
	容灾站点	可用区2	
	容灾站点云服务器规格	c3.large.2	2 核	4 GB	
磁盘	超高IO 40GB		按需计费

图 5-17 保护实例规格确认

同样,重复上述创建保护实例步骤,对生产站点的 ecs-Database 实例创建保护实例。创建两个保护实例后的界面如图 5-18 所示。当保护实例的状态由"创建中"变为"可用"时,表示创建保护实例成功。由此可看出,同一个保护组内,可以添加不同的 ECS 实例。

3. 开启保护

保护实例创建完成后,进入保护组详情页,待所有保护实例状态均为"可用"的时候,单击界面右上角的"开启保护"按钮,在弹出的对话框中,单击"是"按钮,如图 5-19 所示。之后系统开始做数据的首次同步,同步时间为 6～10 分钟,这取决于被保护实例的云硬盘大小以及数据量大小。

当同步数据完成以后,用户可以回到弹性云服务器控制台界面,可以发现,通过 SDRS 服务为用户在容灾站点可用区 2 创建了规格相同的 ECS 实例,只不过两台 ECS 均处于关机状态。后续内容将介绍如何利用容灾站点的 ECS 实例进行容灾切换和容灾演练操作。

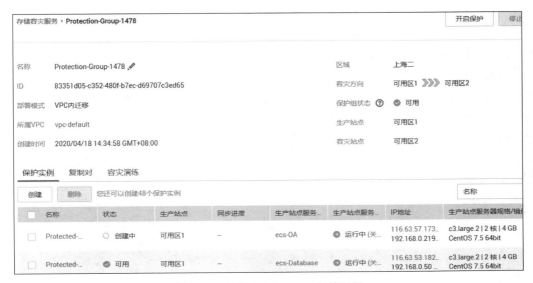

图 5-18　创建 ecs-Database 保护实例

图 5-19　对保护实例开启保护

5.3.3　SDRS 容灾演练

容灾演练的目的是验证容灾方案的有效性和适用性,因此在做容灾演练之前需要用户已经创建并部署了存储容灾服务(SDRS)。一般情况下,容灾站点的 ECS 实例均处于关机状态,除非发生容灾切换或故障切换场景。为了验证容灾站点的数据确实可用,需要定期进行存储的容灾演练活动。存储的容灾演练是一种模拟场景,在单独的、隔离的演练 VPC 内,以容灾站点的 ECS 实例和云盘为源,重新创建容灾站点 ECS 实例的副本并激活运行,达到验证容灾站点数据可用性的目的。下面将介绍容灾演练的创建步骤。

1. 创建演练 VPC

容灾演练需要创建单独的 VPC,可以提前创建,也可以在创建容灾演练时由系统自动创建。此处提前创建了一个 VPC。需要注意的是,演练 VPC 的私网段和子网要和生产站点 ecs-OA 的 VPC 私网段和子网保持一致。首先通过云平台,进入"虚拟私有云"控制台,单独创建一个 VPC。由于 ecs-OA 的 VPC 私网段为 192.168.0.0/16,子网为 192.168.0.0/24,因此此样例在创建演练 VPC 时,选择的私网段也为 192.168.0.0/16,子网为 192.168.0.0/24,如图 5-20 所示。

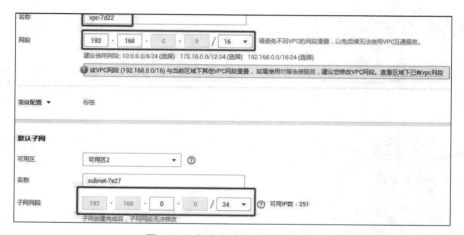

图 5-20　新建容灾演练 VPC 网段

2. 创建容灾演练

通过"服务列表"进入存储容灾服务界面后,选择保护组,进入保护组详情页。单击保护组详情页中的"容灾演练"标签,然后,单击"创建容灾演练"按钮,在弹出的对话框中选择"使用已有"VPC,选择上一步创建的演练 VPC 即可。需要说明的是,演练 VPC 不能与保护组的 VPC 相同,如图 5-21 所示。从图 5-21 中可以看出,系统会自动为容灾演练命名,此处为 Drill-6ae2,保持不变即可,最后,单击"确定"按钮,即完成容灾演练的创建。

容灾演练创建结束后,出现如图 5-22 所示界面,此处显示名称为 Drill-6ae2 的容灾演练的状态已经从"创建中"变为了"可用"状态,标志着容灾演练创建成功。此时,单击 Drill-6ae2 链接,将进入容灾演练详情页或进入 ECS 列表界面,可以看到容灾演练创建出来的云主机 ecs-OA_Drill-6ae2 和 ecs-Database_Drill-6ae2 已经处于开机运行状态。

3. 验证容灾演练

(1)为容灾演练 ECS 实例绑定弹性公网 IP。通过"服务列表"链接,进入弹性云服务器控制台,在该界面列出了所有的 ECS 实例列表。现在需要为容灾演练的 ECS 实例 ecs-OA_

图 5-21　创建容灾演练

图 5-22　容灾演练创建成功界面

Drill-6ae2 绑定一个弹性公网 IP,用以外网访问该实例。一种方法是通过控制台进入"弹性公网 IP"列表界面,选择一个空闲的公网 IP,为其绑定 ECS 实例,界面如图 5-23 所示。第二种方法是在 ECS 列表界面操作,找到 ECS 实例 ecs-OA_Drill-6ae2 所在行,单击"更多"链接,在弹出的菜单中选择"网络设置"选项,在弹出的菜单中单击"绑定弹性公网 IP"菜单项,即可为该实例绑定一个弹性公网 IP。

（2）打开应用验证容灾可用性。为容灾演练 ECS 绑定弹性公网 IP 完成后,通过弹性公网 IP 地址打开应用验证容灾方案是否成功。在客户端本机的浏览器中输入"弹性公网 IP/xinhu"地址,如果能够打开信呼 OA 的登录界面,如图 5-24 所示,就表明容灾站点数据健康可用；如果不能打开,就说明容灾站点数据或 ECS 实例存在问题。

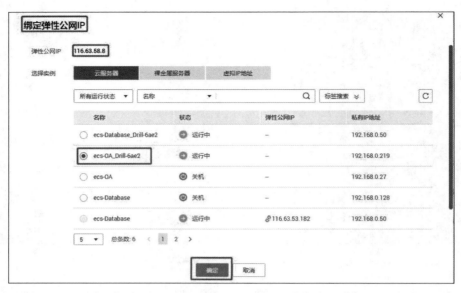

图 5-23　容灾演练 ECS 实例绑定弹性公网 IP

图 5-24　容灾演练 ECS 登录信呼 OA

5.3.4　SDRS 容灾切换

1. 停机生产站点

（1）停机之前，通过信呼 OA 发布一条测试公告。通过生产站点绑定的弹性公网 IP 地址登录"信呼协同办公系统"，然后单击"个人办公"栏目中的"通知公告"链接，单击"新增"按钮，任意发布一条通知公告作为系统测试使用。如图 5-25 所示，最后单击"提交"按钮发布通知公告成功。

图 5-25　利用信呼 OA 发布通知公告

（2）关闭生产站点 ECS 实例。通过华为云平台的"服务列表"菜单进入弹性云服务器控制台，如图 5-26 所示。首先选中 ECS 实例列表中的 ecs-OA 和 ecs-Database 两个实例，然后单击界面左上角的"关机"按钮，在弹出的对话框中选择"是"，以确认将两个 ECS 实例关机。

图 5-26　停机生产站点 ECS 实例

2. 执行容灾切换

通过云平台的"服务列表"进入存储容灾服务控制台,单击"保护实例"链接,可以看到正在保护的实例已经处于关闭状态,单击右上角的"切换"按钮,在弹出的对话框中选中全部保护实例,最后单击"切换"按钮进行容灾切换,如图 5-27 所示。

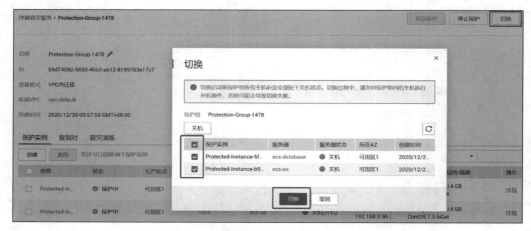

图 5-27 容灾切换

需要注意的是,在执行存储容灾切换前,保护组内所有主机必须全部处于关机状态。切换过程中,请勿对保护组内的主机执行开机操作,否则会导致切换失败。

单击"切换"按钮后,SDRS 中的保护实例状态由"保护中"变为"切换中",等状态再次变为"保护中"时,说明 SDRS 容灾切换完成,同时"同步进度"列显示为 100%。

3. 开机容灾站点

在 SDRS 容灾切换完成后,如图 5-28 所示界面,此刻业务的生产站点已经变成了由可用区 2 的 ECS 实例提供,容灾方向也由原来的"可用区 1 》》》可用区 2"变成了"可用区 2 》》》可用区 1"。在图 5-28 所示界面中,单击 ECS 所在行的"开机"按钮,分别将容灾站点的两个 ECS 实例开机。

4. 验证切换成功

容灾站点的 ECS 实例开机完成后,在客户端本地浏览器地址栏输入 http://ECS-OA 弹性公网 IP/xinhu,登录信呼 OA 后,可以看到容灾站点已经存在一条"SDRS 容灾切换"的公告,说明容灾站点数据与生产站点是同步有效的,如图 5-29 所示。

5.3.5 SDRS 容灾切回

1. 关机容灾站点

(1) 在关机之前,首先通过信呼 OA 再次发布一条测试公告。通过容灾站点绑定的弹性 IP 地址登录信呼 OA,然后单击"个人办公"栏目中的"通知公告"链接,单击"新增"按钮,

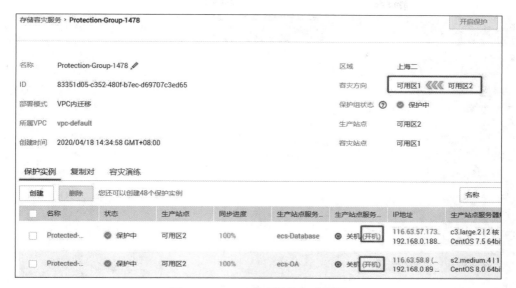

图 5-28 SDRS 容灾切换完成界面

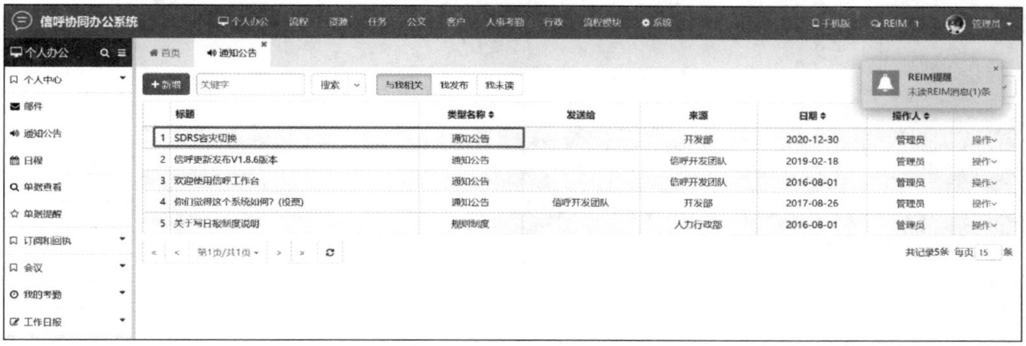

图 5-29 容灾站点完成数据同步

再次发布一条通知公告作为系统测试使用。如图 5-30 所示,最后单击"提交"按钮发布通知公告成功。

(2)关闭容灾站点 ECS 实例。通过云控制台的"服务列表"菜单进入存储容灾服务控制台,进入如图 5-31 所示界面。首先逐个单击当前保护实例中的"关机"链接,在弹出的对话框中选择"是",以确认两个保护实例处于关机状态。

2. 执行容灾切回

在存储容灾服务界面,单击界面中的"保护实例"标签,在确保所有的实例均处于停机状态后,单击界面右上角的"切换"按钮,系统会弹出一个对话框,单击对话框中的"切换"按钮,执行容灾切换操作,即实施从容灾站点到生产站点的切回动作,如图 5-32 所示。

图 5-30　利用信呼 OA 发布切回通知公告

图 5-31　容灾站点关机

3. 开机生产站点

在 SDRS 容灾切回完成之后,如图 5-33 所示。此刻用户业务的生产站点已经切回到了可用区 1 的 ECS 实例,容灾方向也由原来的"可用区 2 ⟫⟫⟫ 可用区 1"切回到"可用区 1 ⟫⟫⟫ 可用区 2"。在图 5-33 所示界面中,单击保护实例所在行的"开机"按钮,分别将两个 ECS 实例开机。

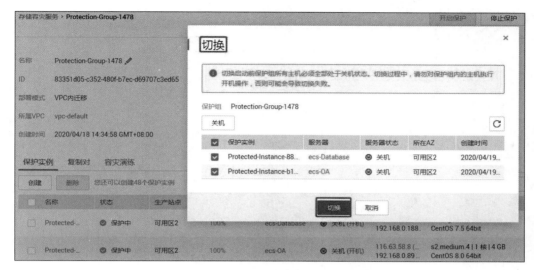

图 5-32　容灾切回

图 5-33　容灾端虚拟机开机

4．验证切回成功

等到生产站点的 ECS 实例开机完成后，在客户端本地浏览器地址栏输入"http://ECS-OA 弹性公网 IP/xinhu"即可打开信呼 OA。用户在登录信呼 OA 后，可以看到生产站点中存在一条"SDRS 容灾切回"的通知公告，说明容灾站点数据已经成功同步至生产站点，如图 5-34 所示。

图 5-34　验证切回成功

5.4　云服务资源清理

华为云服务中,无论是计算、存储还是网络资源,都是付费使用,当用户有不需要使用的资源时,可以申请释放资源,从而减少云服务成本的开销。

5.4.1　SDRS 资源清理

1. 停止容灾保护

通过云控制平台,进入存储容灾服务控制器,单击"保护实例"链接进入保护组详情界面,单击界面右上角的"停止保护"按钮,弹出"停止保护"对话框,单击"是"按钮即可停止 SDRS 的保护状态,如图 5-35 所示。

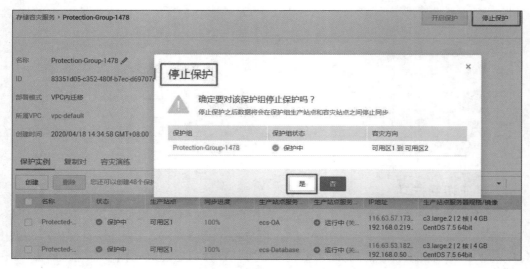

图 5-35　"停止保护"对话框

2. 删除保护实例

当停止 SDRS 服务的保护状态完成后,进入保护组详情界面,单击每个保护实例右侧的"更多"链接,在弹出的菜单中单击"删除"按钮,如图 5-36(a)所示,即可弹出"删除保护实例"对话框,在该对话框中选中"删除容灾站点云服务器"和"释放容灾站点云服务器绑定的弹性 IP 地址"选项,然后单击"是"按钮即可删除保护实例,如图 5-36(b)所示。

(a) 单击"删除"按钮

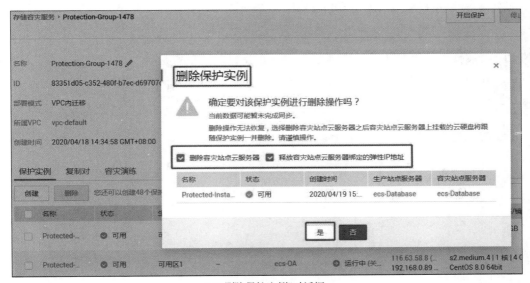

(b) "删除保护实例"对话框

图 5-36 "删除保护实例"

3. 删除容灾演练

在 SDRS 服务控制台中,进入保护组详情界面,单击界面上"容灾演练"标签,选中要删除的容灾演练名称,在该行单击"删除"链接,弹出"删除容灾演练"对话框,单击"是"按钮即可完成容灾演练的清理任务,如图 5-37 所示。

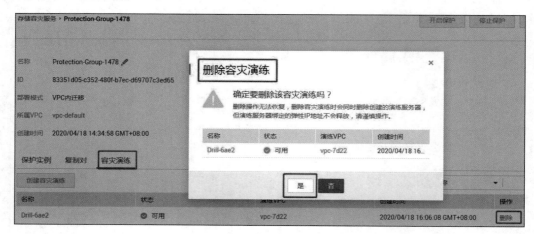

图 5-37　删除容灾演练

5.4.2　ECS 实例资源清理

通过云平台,进入"弹性云服务器控制台"→ECS 云主机列表页,根据需要选中要删除的 ECS 实例,然后单击界面上方"更多"链接,在弹出的菜单中选择"删除"按钮,如图 5-38(a)所示。在弹出的"删除"对话框中,选中"释放云服务器绑定的弹性公网 IP 地址"和"删除云服务器挂载的数据盘"选项,最后单击"是"按钮,即可删除 ECS 实例资源。

(a) 选择要删除的ECS实例

图 5-38　删除 ECS 实例

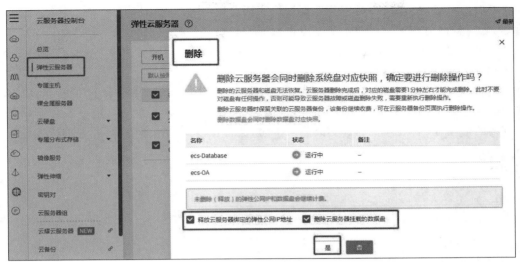

(b) 确认删除ECS实例

图 5-38 （续）

5.4.3 释放弹性 IP 地址

通过云平台,进入虚拟私有云控制台,单击界面左侧导航栏的"弹性公网 IP"链接,在打开的界面中选中要释放的 IP 地址,然后单击界面的"更多"链接,在弹出的菜单中单击"释放"按钮即可释放弹性公网 IP 地址,如图 5-39 所示。

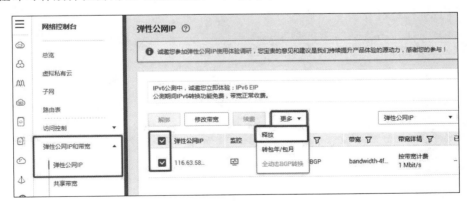

图 5-39 释放弹性公网 IP 地址

5.5 本章小结

存储容灾服务主要用于业务的高可用性设计,将用户的 ECS 业务数据、配置信息同步到容灾站点,在生产站点服务器宕机时可以启用容灾站点来恢复业务,从而实现业务的连续性。部署 SDRS 之后,用户可以有计划性地实现业务从生产站点向容灾站点迁移,迁移完成后,数据同步将由容灾站点向生产站点进行同步,从而保护业务再次切回时,生产站点的业务能快速恢复。本章具体演示了如何对云上业务实现跨可用区容灾流程,重点介绍了容灾切换和容灾演练的原理和部署。

跨可用区的容灾配置的流程可以分为三步,即创建保护组,创建保护实例,开启保护。在不影响业务的情况下,通过容灾演练,模拟真实故障恢复场景,制订应急恢复预案,检验容灾方案的适用性、有效性。当真实故障发生时,通过预案快速恢复,提高业务连续性。

习题

1. 简述容灾与备份的区别与联系。
2. 试比较容灾与高可用之间的区别与联系。
3. 存储容灾服务的切换和故障切换有什么区别?
4. 简述 SDRS 容灾演练的基本过程。
5. 简述 SDRS 容灾切换的基本过程。
6. 某应用在本地有一个生产中心,在相隔甚远的异地有一个容灾中心,彼此之间以异步数据复制的方式进行生产数据的备份,系统要求 RTO 是 2 小时,RPO 是 1 小时。系统每隔一小时同步一次生产数据。假设在 10:00 完成了一次数据同步,10:50 生产系统出现故障迫使业务暂停,此时,生产系统中的数据发生失效,而容灾系统中的数据是 10:00 的生产数据。同时,生产系统暂时无法作业,业务需要以最快的速度切换到容灾系统中,应用切换需要一定的时间,于 13:00 业务在容灾系统中正常启动运作完成切换。根据该案例分析该系统的 RTO 和 RPO 是否满足要求。

第6章 云容器服务

随着生物计算技术的发展,生物基因、药物研发等科学计算任务对计算平台性能的需求越来越高。与此类似的多学科交叉新兴领域都有高性能、密集型计算的需求,同时又要求计算成本低和运维难度低,甚至免运维。容器技术的发展和成熟应用能够很好地满足这类计算任务的需求。包括当前主流的大数据、AI训练和推理等应用(如 TensorFlow、Caffe)均采用容器化方式运行。这类应用典型的特征是任务型计算,即执行任务时需要快速申请大量资源,需要大量 GPU、高性能网络和存储等硬件加速能力,计算任务完成后快速释放资源。同样,对于那些诸如视频直播、媒体资讯、电商、在线教育等具有较明显波峰波谷特征的应用业务,日常流量稳定,高峰期又需要快速扩展资源,容器技术的快速伸缩服务能够较好地满足这类业务的扩展需求。另外,软件开发型企业希望构建从代码提交到应用部署的开发运维一体化(DevOps)流程,从而提高企业的应用迭代效率,这也成为容器技术的重要应用场景。

通过本章,您将学到:

(1) 容器技术的基本概念;

(2) 容器集群技术的基本原理;

(3) 使用 AOS 模板创建测试应用;

(4) 创建和配置容器引擎的集群;

(5) 创建和配置容器实例应用。

大约在 20 世纪 60 年代出现了基于硬件技术的主机虚拟化技术,即可以将一台物理主机划分为若干个小的机器,每个机器的硬件互不共享,并可以安装独立的操作系统来使用。到 20 世纪 90 年代后期,x86 架构的硬件虚拟化技术逐渐兴起,可在同一台物理机上隔离多个操作系统实例。目前绝大多数的数据中心都采用了硬件虚拟化技术。

虽然硬件虚拟化提供了分隔资源的能力,但是采用虚拟机方式隔离应用程序时,效率往往较低,毕竟还要在每个虚拟机中安装或复制一个操作系统实例,然后把应用部署到虚拟机。因此,一种更轻量的虚拟化技术脱颖而出——操作系统虚拟化。所谓操作系统虚拟化,就是由操作系统创建虚拟的系统环境,使应用感知不到其他应用的存在,仿佛在独自占有全部的系统资源,从而实现应用隔离的目的。在这种方式中,不需要虚拟机也能够实现应用彼此隔离,由于应用是共享同一个操作系统实例的,因此比虚拟机更节省资源,性能更好。操作系统虚拟化技术就是本章将要介绍的容器(Container)技术。

6.1 容器技术概述

容器(Container)技术最早起源于 Linux 操作系统,是一种操作系统内核虚拟化技术,提供轻量级的虚拟化,以便隔离进程和资源。下面以 Linux 容器为例,讲解容器的实现原理。

6.1.1 容器的基本原理

容器的本质就是操作系统下的一个进程。容器技术的核心功能就是通过约束和修改进程的动态表现,为其创造出一个"边界"。容器主要包括命名空间(Namespace)和控制组(Control Groups,Cgroups)。对于 Docker 等大多数 Linux 容器,控制组技术是用来制造约束的主要手段,而命名空间技术则是用来修改进程视图的主要方法。

1. 命名空间

命名空间是 Linux 操作系统内核的一种资源隔离方式,使不同的进程具有不同的系统视图。系统视图就是进程能够感知到的系统环境,如主机名、文件系统、网络协议栈、其他用户和进程等。使用命名空间后,每个进程都具备独立的系统环境,进程间彼此感觉不到对方的存在,进程之间相互隔离。目前,Linux 中的命名空间共有以下 6 种,可以嵌套使用。

(1) Mount:隔离了文件系统的挂载点(Mount Points),处于不同 Mount 命名空间中的进程可以看到不同的文件系统。

(2) Network:隔离进程网络方面的系统资源,包括网络设备、IPv4 和 IPv6 的协议栈、路由表、防火墙等。

(3) IPC:进程间相互通信的命名空间,不同命名空间中的进程不能通信。

(4) PID:进程号在不同的命名空间中是独立编号的,不同的命名空间中的进程可以有相同的编号。当然,这些进程在操作系统中的全局(命名空间外)编号是唯一的。

(5) UTS:系统标识符命名空间,在每个命名空间中都可以有不同的主机名和 NIS 域名。

(6) User:命名空间中的用户可以有不同于全局的用户 ID 和组 ID,从而具有不同的特权。

命名空间实现了在同一操作系统中隔离进程的方法,几乎没有额外的系统开销,所以是非常轻量的隔离方式,进程启动和运行的过程在命名空间中和外面几乎没有差别。

2. 控制组

命名空间实现了进程隔离功能,但由于各个命名空间中的进程仍然共享同样的系统资源,如 CPU、磁盘 I/O、内存等,所以如果某个进程长时间占用某些资源,其他命名空间里的进程就会受到影响,这就是"吵闹的邻居"(Noisy Neighbors)现象。因此,命名空间并没有完全达到进程隔离的目的。为此,Linux 内核提供了控制组功能来处理这个问题。

Linux 把进程分成不同控制组,给每组里的进程都设定资源使用规则和限制。在发生资源竞争时,系统会根据每个组的定义,按照比例在控制组之间分配资源。控制组可设定规则的资源包括 CPU、内存、磁盘 I/O 和网络等。通过这种方式,就不会出现某些进程无限度抢占其他进程资源的情况。

Linux 系统通过命名空间设置进程的可见且可用资源,通过控制组规定进程对资源的使用量,这样隔离进程的虚拟环境(即容器)就建立起来了。

6.1.2 Docker 技术

尽管容器技术已经出现很久,却在 2013 年随着 Docker 的出现才变得广为人知。Docker 是一个基于 Linux 容器技术的开源项目,基于 Google 公司推出的 Go 语言实现,是第一个使容器能够在不同机器之间移植的系统。Docker 不仅简化了打包应用的流程,也简化了打包应用的库和依赖,甚至整个操作系统的文件系统能被打包成一个简单的可移植的包,这个包可以在任何其他运行 Docker 的机器上使用。我们可以把这个包称为容器的镜像。容器的镜像类似于虚拟机的快照,但是更轻量,可以将其理解为一个包含了 OS 文件系统和应用的对象。在 Docker 世界中,镜像实际上等价于未运行的容器。而容器则是从镜像创建的运行实例,可以进行被启动、被开始、被停止、被删除等操作,每个容器都是相互隔离的,保证安全的平台。

1. Docker 基本概念

Docker 容器有如下 3 个主要概念。

(1)镜像:Docker 镜像里包含了已打包的应用程序及其所依赖的环境。它包含应用程序可用的文件系统和其他元数据,如镜像运行时的可执行文件路径。

(2)镜像仓库:Docker 镜像仓库用于存放 Docker 镜像,以及促进不同人和不同计算机之间共享这些镜像。当编译镜像时,要么在编译它的计算机上运行,要么先上传镜像到一个镜像仓库,再下载到另一台计算机上并运行它。某些仓库是公开的,允许所有人从中拉取镜像;同时也有一些仓库是私有的,仅部分人和机器可接入。

(3)容器:Docker 容器通常是一个 Linux 容器,它基于 Docker 镜像被创建。一个运行中的容器是一个运行在 Docker 主机上的进程,但它和主机以及所有运行在主机上的其他进程都是隔离的。这个进程也是资源受限的,意味着它只能访问和使用分配给它的资源(CPU、内存等)。

2. Docker 架构原理

容器运行时(Runtime)就是容器进程运行和管理的工具。Docker 引擎是最早流行也是广泛使用的容器运行时之一,是一个容器管理工具。其架构原理示意如图 6-1 所示。

容器运行时分为低层运行时和高层运行时,功能各有侧重。低层运行时主要负责运行容器,可在给定的容器文件系统上运行容器的进程;高层运行时则主要为容器准备必要的运行环境,如容器镜像下载和解压并转化为容器所需的文件系统、创建容器的网络等,然后调用低层运行时启动容器。

OCI(Open Container Initiative,开放容器倡议)是 Linux 基金会旗下的合作项目,成立

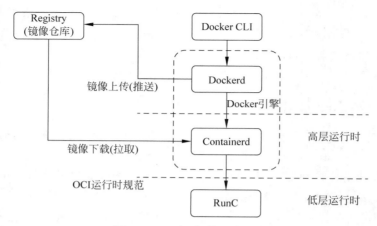

图 6-1　Docker 架构原理示意

于 2015 年,主要目的是以开放治理的方式制定操作系统虚拟化(特别是 Linux 容器)的开放工业标准和规范,主要包括容器镜像格式和容器运行时。图 6-1 所示中的 Docker 各组件功能如下所述。

(1) RunC:RunC 是 OCI 运行时规范的参考实现,RunC 也是低层容器运行时,开发人员可通过 RunC 实现容器的生命周期管理。但是 RunC 不包括容器镜像的管理功能,由 RunC 创建的容器需要手动配置网络才能与其他容器或者网络节点连通。由于 RunC 提供的功能比较单一,复杂的环境需要更高层的容器运行时来生成,所以 RunC 常常成为其他高层容器运行时的底层实现基础。

(2) Containerd:Containerd 已经成为多个项目共同使用的高层容器运行时,提供了容器镜像的下载和解压等镜像管理功能,在运行容器时,Containerd 先把镜像解压成 OCI 的文件系统包,然后调用 RunC 运行容器。Containerd 提供了 API,其他应用程序可以通过 API 与 Containerd 交互。但作为容器运行时,Containerd 只注重在容器运行等方面,因而不包含开发者使用的镜像构建和镜像上传镜像仓库等功能。

(3) Dockerd:Dockerd 就是 Docker 公司维护的容器运行时,是 Docker daemon 的缩写,也被称为服务端或引擎。Docker 引擎是使用 Docker 容器的核心组件,同时提供了面向开发者和面向运维人员的功能。其中,面向开发者的命令主要提供镜像管理功能。容器镜像一般可由 Dockerfile 构建,构建完成之后上传到镜像仓库。面向运维人员主要是向客户端提供 API 调用功能,从而完成诸如运行新容器、登录新容器、在容器内运行命令,以及销毁容器等运维任务。

(4) Docker CLI:Docker CLI 为 Docker 的客户端命令行 CLI 工具,通过 API 调用容器引擎 Docker Daemon(dockerd)的功能,完成各种容器运维管理任务。

(5) Registry:镜像仓库,容器的镜像在构建之后被存放在本地镜像库里,当需要与其他节点共享镜像时,可上传镜像到镜像仓库(Registry)供其他节点下载。

6.1.3 Kubernetes 集群

随着应用越来越复杂,容器的数量也越来越多,由此衍生了管理运维容器的重大问题,而且随着云计算的发展,云端面临的最大的挑战是容器的迁移。在此业务驱动下,Kubernetes(k8s)问世,Kubernetes 提出了一套全新的基于容器技术的分布式架构领先方案,在整个容器技术领域的发展是一个重大突破与创新。

Kubernetes 是一个开源的、用于管理云平台中多个主机上的容器化的应用。其目标是让部署容器化的应用简单并且高效。Kubernetes 提供了应用部署、规划、更新、维护的一种机制,从而方便对容器进行调度和编排。对应用开发者而言,可以把 Kubernetes 看成一个集群操作系统。Kubernetes 提供服务发现、伸缩、负载均衡、自愈甚至选举等功能,让开发者从基础设施相关配置等解脱出来。Kubernetes 可以把大量的服务器看作一台巨大的服务器,在一台大服务器上运行应用程序。无论 Kubernetes 的集群有多少台服务器,在其上部署应用程序的方法都一样。

Kubernetes 集群的架构如图 6-2 所示。Kubernetes 集群包含 Master 节点和 Node 节点,应用部署在 Node 节点上,且可以通过配置选择应用部署在某些特定的节点上。

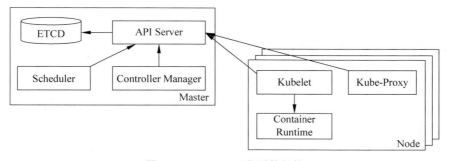

图 6-2 Kubernetes 集群的架构

1. Master 节点

Master 节点是集群的控制节点,由 API Server、Scheduler、Controller Manager 和 ETCD(高可用的分布式键值数据库)四个组件构成,各个组件的功能如下所述。

(1) API Server:各组件互相通信的中转站,接收外部请求,并将信息写到 ETCD 中。

(2) Scheduler:负责应用调度的组件,根据各种条件(如可用的资源、节点的亲和性等)将容器调度到 Node 上运行。

(3) Controller Manager:执行集群级功能,例如复制组件、跟踪 Node 节点、处理节点故障等。

(4) ETCD:一个分布式数据存储组件,负责存储集群的配置信息。

在生产环境中,为了保障集群的高可用,通常会部署多个 Master,如华为云容器引擎(CCE)集群的高可用模式就是 3 个 Master 节点。

2. Node 节点

Node 节点是集群的计算节点，即运行容器化应用的节点。

（1）Kubelet：Kubelet 主要负责同 Container Runtime 打交道，并与 API Server 交互，管理节点上的容器。

（2）Kube-Proxy：应用组件间的访问代理，解决节点上应用的访问问题。

（3）Container Runtime：容器运行时，如 Docker，其主要的功能是下载镜像和运行容器。

6.2 容器与虚拟机

容器本质上是一个操作系统进程，因此属于操作系统层面的虚拟化技术，其主要通过命名空间和控制组技术使被隔离的进程独立于宿主和其他隔离的进程。

与虚拟机相同之处是，容器的用途也是为了创造"隔离环境"。与虚拟机不同之处是，虚拟机是操作系统级别的资源隔离，而容器本质上是进程级的资源隔离。

Docker 在容器的基础上，做了进一步的封装，从文件系统、网络互联到进程隔离等，极大地简化了容器的创建和维护。

6.2.1 虚拟化技术的分类

虚拟化技术主要有 3 种，即裸机虚拟化技术、半虚拟化技术和操作系统虚拟化技术。

裸机虚拟化技术和半虚拟化技术的实现依赖于 Hypervisor。Hypervisor 也称为虚拟机监视器（Virtual Machine Monitor，VMM），它不是一款具体的软件，而是一类软件的统称。Hypervisor 主要用于完成物理资源的虚拟化工作，主要分为基于裸金属的 Hypervisor 和基于主机的 Hypervisor，如图 6-3 所示。例如，VMware Workstation、KVM、Xen、Virtual Box 都属于 Hypervisor。其中，VMware Workstation 和 Virtual Box 属于基于主机的 Hypervisor，该类 Hypervisor 可以在自己的机器上虚拟出不同操作系统的虚拟机。KVM 和 Xen 属于基于裸金属的 Hypervisor，能够直接在物理机器上部署。在图 6-3 中底层的硬件资源主要包括 CPU、内存、网络等资源；底层的物理计算机通常称为宿主机（Host），上层的虚拟机则称为客户机（Guest）。

（1）裸机虚拟化技术。

裸机虚拟化技术又称为全虚拟化技术，依赖基于裸金属的 Hypervisor 实现，这类 Hypervisor 直接运行在物理机之上，在 Hypervisor 之上运行多个虚拟机，每个虚拟机内运行不同的操作系统。裸机虚拟化中 Hypervisor 直接管理调用硬件资源，不需要底层操作系统。这种方案的性能处于主机虚拟化与操作系统虚拟化之间。

（2）半虚拟化技术。

半虚拟化技术又称为宿主虚拟化技术，依赖基于物理主机的 Hypervisor 实现，在物理机上安装正常的操作系统（如 Linux 或 Windows），然后在正常操作系统上安装 Hypervisor，最后生成和管理虚拟机。基于主机的 Hypervisor 运行在基础操作系统上，构建出一整套虚拟硬

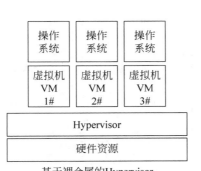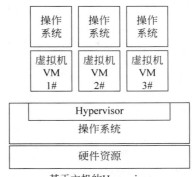

基于裸金属的Hypervisor　　　　基于主机的Hypervisor

图 6-3　Hypervisor 分类

件平台(CPU、Memory、Storage、Adapter),使用者根据需要安装新的操作系统和应用软件,底层和上层的操作系统可以完全无关,如在 Windows 上运行 Linux 操作系统。主机虚拟化中 VM 的应用程序调用硬件资源时需要经过的路径是:VM 内核→Hypervisor→主机内核。因此,相对来说,半虚拟化技术性能是 3 种虚拟化技术中最差的。

(3) 操作系统虚拟化技术。

操作系统虚拟化技术的典型代表就是容器技术,是一种"轻量级"的操作系统虚拟化技术。

6.2.2　容器与虚拟机比较

传统虚拟机技术是在虚拟出一套硬件后,在其上运行一个完整的操作系统,并在该系统上再运行所需应用进程。而且虚拟化技术允许在同一硬件上运行两个完全不同的操作系统,每个操作系统都经历了引导、加载内核等所有过程,可以拥有非常严格的安全性。而容器内的应用进程直接运行于宿主的内核,容器内没有自己的内核,而且也没有进行硬件虚拟。因此,容器技术比虚拟机技术更为轻便、快捷。

如图 6-4 所示为容器与虚拟机的架构比较。容器和虚拟机具有相似的资源隔离和分配方式,容器虚拟化了操作系统而不是硬件,更加便捷和高效。

作为一种新兴的虚拟化方式,Docker 容器跟虚拟机相比具有众多的优势。

1. 更高效地利用系统资源

由于 Docker 容器不需要进行硬件虚拟以及运行完整操作系统等额外开销,容器对系统资源的利用率更高。无论是应用执行速度、内存损耗或者文件存储速度,都要比传统虚拟机技术更高效。因此,相比虚拟机技术,一个相同配置的主机往往可以运行更多数量的应用。

2. 更短的启动时间

传统的虚拟机技术启动应用服务往往需要数分钟,而 Docker 应用由于直接运行于宿主内核,无须启动完整的操作系统,因此可以做到秒级、甚至毫秒级的启动时间,大大地节约了开发、测试和部署的时间。

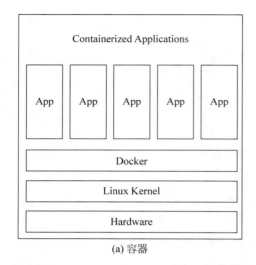
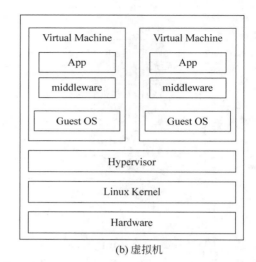

图 6-4　容器和虚拟机的架构比较

3. 一致的运行环境

开发过程中一个常见的问题是环境一致性问题。由于开发环境、测试环境和生产环境不一致,导致有些 Bug 并未在开发过程中被发现。而容器的镜像提供了除内核外完整的运行时环境,确保了应用运行的环境一致性。

4. 持续交付和部署

对开发和运维一体化(DevOps)人员来说,最希望的就是一次创建或配置可以在任意地方正常运行。

使用 Docker 容器可以通过定制应用镜像来实现持续集成、持续交付、部署。开发人员可以通过 Dockerfile 进行镜像构建,并结合持续集成(Continuous Integration)系统进行集成测试,而运维人员则可以直接在生产环境中快速部署该镜像,甚至结合持续部署(Continuous Delivery/Deployment)系统进行自动部署。而且使用 Dockerfile 使镜像构建透明化,不仅开发团队可以理解应用运行环境,也方便运维团队理解应用运行所需条件,帮助其更好地在生产环境中部署该镜像。

5. 更轻松的迁移

由于 Docker 确保了执行环境的一致性,使得应用的迁移更加容易。Docker 可以在很多平台上运行,无论是物理机、虚拟机、华为云、私有云,还是笔记本电脑,其运行结果是一致的。因此用户可以很轻易地将在一个平台上运行的应用迁移到另一个平台上,而不用担心运行环境的变化导致应用无法正常运行的情况。

6. 更轻松的维护和扩展

Docker 使用的分层存储以及镜像的技术,使得应用重复部分的复用更为容易,也使得

应用的维护更新更加简单,基于基础镜像进一步扩展镜像也变得非常简单。此外,Docker
团队同各个开源项目团队一起维护了一大批高质量的官方镜像,既可以直接在生产环境使
用,又可以作为基础进一步定制,大大地降低了应用服务的镜像制作成本。

容器技术与传统虚拟机在启动时间、性能、内存使用、迁移性等方面的详细比较见表 6-1。

表 6-1　容器与传统虚拟机对比

特　　性	容　　器	虚　拟　机
启动时间	秒级	分钟级
性能	接近原生	弱
内存	一般为 MB 级	一般为 GB 级
硬盘使用	一般为 MB 级	一般为 GB 级
系统支持量	单机支持上千个	一般几十个
隔离性	安全隔离	完全隔离
迁移	优秀	一般

在此需要对容器的隔离性做一点补充说明。随着容器的大规模使用,尤其是各种容器
编排系统,如 Kubernetes 的深入使用,人们逐渐发现基于内核提供的 namespace、cgroup、
seccomp 等隔离机制的安全级别往往不能满足要求。在华为云场景下,相同主机如果需要
运行不同租户的应用,因为这种隔离级别依然采用了共内核的机制,存在着广泛的攻击面,
容器的隔离级别完全不能满足要求,所以最初的华为云上的容器服务都是配合虚拟机的使
用来完成的。即首先用户需要创建一批虚拟机作为运行容器的节点,形成一个私有的集群,
然后才能在其上创建容器应用。虚拟化级别的隔离已经被各种华为云的实践证明是一种安
全的隔离技术。

在此期间,Docker 和 Coreos 等一起成立了 OCI 组织,其目的是将容器的运行时和镜像
管理等流程标准化。OCI 标准定义了一套容器运行时的命令行接口和文件规范,Docker 将
其 RunC 捐给 OCI 作为运行时标准的一个参考实现。2015 年 Hyper.sh 开源了 RunV,
RunV 是一种基于虚拟化的容器运行时接口的实现,它很好地结合了虚拟化的安全性和容
器的便利性。后来 RunV 和 ClearContainer 合并成立了 kata 项目,kata 提供了更加完整的
基于虚拟化的容器实现,这种基于虚拟化的容器实现称作安全容器。因此,目前来看,容器
在隔离性方面和虚拟机一样,均是安全隔离级别。

6.3　云容器服务

作为容器最早的采用者之一,华为公司自 2013 年起就在内部多个产品落地容器技术,
2014 年开始广泛使用 Kubernetes。在历经自身亿级用户量考验的实践后,面向企业用户提
供了全栈容器服务,帮助企业轻松应对 Cloud 2.0 时代和应用上云的挑战。

6.3.1　云容器引擎

云容器引擎(Cloud Container Engine,CCE)提供高度可扩展的、高性能的企业级

Kubernetes 集群,支持运行 Docker 容器。借助云容器引擎,用户可以在华为云上轻松部署、管理和扩展容器化应用程序。

CCE 适用于客户业务负载变化难以预测、需要根据 CPU/内存使用率进行实时扩缩容的场景,CCE 的弹性伸缩架构能够很好地满足这一需求。同时,伴随着 Internet 技术的不断发展,各大企业的系统越来越复杂,传统的系统架构越来越不能满足业务的需求,取而代之的是微服务架构。微服务是将复杂的应用切分为若干服务,每个服务均可以独立开发、部署和伸缩,微服务和容器组合使用,可进一步简化微服务的交付,提升应用的可靠性和可伸缩性。容器的应用也增强了企业对业务的快速持续集成能力,从而做到业务的持续交付。

1. CCE 基本概念

云容器引擎提供 Kubernetes 原生 API,支持使用 kubectl,且提供图形化控制台,让用户能够拥有完整的端到端使用体验,在具体使用云容器引擎前,先了解相关的基本概念。

(1)集群(Cluster)。集群是指容器运行所需要的云资源组合,关联了若干云服务器节点、负载均衡等云资源。可以将集群理解为"同一个子网中一个或多个弹性云服务器(节点)"通过相关技术组合而成的计算机群体,为容器运行提供了计算资源池。

(2)节点(Node)。每一个节点对应一台服务器(可以是虚拟机实例或者物理服务器),容器应用运行在节点上。节点上运行着 Agent 代理程序(kubelet),用于管理节点上运行的容器实例。集群中的节点数量可以伸缩。

(3)节点池(NodePool)。节点池是集群中具有相同配置的一组节点,一个节点池包含一个节点或多个节点。

(4)虚拟私有云(VPC)。虚拟私有云是通过逻辑方式进行网络隔离,提供安全、隔离的网络环境。可以在 VPC 中定义与传统网络无差别的虚拟网络,同时提供弹性 IP、安全组等高级网络服务。

(5)安全组。安全组就是在逻辑上将安全需求相同的应用划分的分组,同一安全组内的弹性云服务器提供的访问策略相同。安全组创建后,用户可以根据需求定义安全组的访问规则,当弹性云服务器加入该安全组后,即受到这些访问规则的保护。

下面简单介绍集群、VPC、安全组和节点之间的关系。

如图 6-5 所示,同一个 Region 下可以有多个 VPC。VPC 由一个个子网组成,子网与子网之间的网络通信通过子网网关来完成,而集群就建立在某个子网中。一个子网下可以创建多个集群。因此,存在以下三种场景:

不同集群创建在不同的 VPC 中,如图 6-5 所示中的集群 1 和集群 3 分别属于 VPC1 和 VPC2。

不同集群创建在同一个子网中,如图 6-5 所示中集群 1 和集群 2 都创建在子网 1 中。

不同集群创建在不同的子网中,如图 6-5 所示中的集群 3 和集群 4 分别创建在子网 2 和子网 3 中。

2. 实例

实例(Pod)是 Kubernetes 部署应用或服务的最小的基本单位。一个 Pod 可以封装多

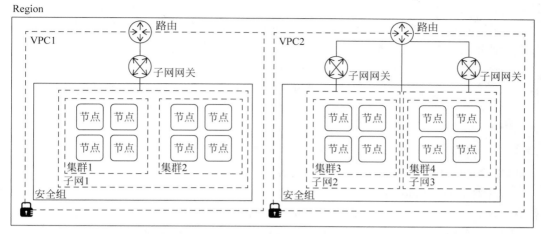

图 6-5　集群、VPC、安全组和节点的关系

个应用容器(也可以只有一个容器)、存储资源、一个独立的网络 IP 以及管理控制容器运行方式的策略选项。

Pod 的使用主要分为以下两种方式。

(1) Pod 中运行一个容器。这是 Kubernetes 最常见的用法,可以将 Pod 视为单个封装的容器,但是 Kubernetes 直接管理 Pod 而不是容器。

(2) Pod 中运行多个需要耦合在一起工作、共享资源的容器。通常在这种场景下的应用包含一个主容器和几个辅助容器(SideCar Container),例如,主容器为一个 Web 服务器,从一个固定目录下对外提供文件服务,而辅助容器周期性地从外部下载文件并存到这个固定目录下。

3. 工作负载

工作负载即 Kubernetes 对一组 Pod 的抽象模型,用于描述业务的运行载体,包括 Deployment、StatefulSet、DaemonSet、Job、CronJob、Pod 等多种类型。

(1) 无状态工作负载。即 Kubernetes 中的 Deployment,无状态工作负载支持弹性伸缩与滚动升级,适用于实例完全独立、功能相同的场景,如 Nginx、WordPress 等。

(2) 有状态工作负载。即 Kubernetes 中的 StatefulSet,有状态工作负载支持实例有序部署和删除,支持持久化存储,适用于实例间存在互访的场景,如 ETCD(高可用的分布式键值数据库)、MySQL-HA 等。

(3) 创建守护进程集。即 Kubernetes 中的 DaemonSet,守护进程集确保全部或者某些节点都运行一个 Pod 实例,支持实例动态添加到新节点,适用于实例在每个节点上都需要运行的场景,如分布式存储系统(ceph)、开源数据收集器(fluentd)、监控系统(Prometheus Node Exporter)等。

(4) 普通任务。即 Kubernetes 中的 Job,普通任务是一次性运行的短任务,部署完成后即可执行。使用场景为在创建工作负载前，执行普通任务，将镜像上传至镜像仓库。

（5）定时任务。即 Kubernetes 中的 CronJob，定时任务是按照指定时间周期运行的短任务。使用场景为在某个固定时间点，为所有运行中的节点做时间同步。

一个工作负载由一个或多个实例（Pod）组成。一个 Pod 实例由一个或多个容器组成，每个容器都对应一个容器镜像。对于无状态工作负载，Pod 实例都是完全相同的。

6.3.2 云容器实例

传统上使用 Kubernetes 运行管理容器，首先需要创建运行容器的 Kubernetes 服务器集群，然后再创建容器负载，例如华为云的容器引擎（CCE）。

云容器实例（Cloud Container Instance，CCI）服务提供 Serverless Container（无服务器容器）引擎，用户无须创建和管理服务器集群即可直接运行容器。Serverless 是一种架构理念，用户不用创建和管理服务器，也不用担心服务器的运行状态（服务器是否在工作等），只需动态申请应用需要的资源，由专门的维护人员管理和维护服务器，进而使用户专注于应用开发，以提升应用开发效率，节约企业成本。

云容器实例基于 Kubernetes 的负载模型增强了容器安全隔离、负载快速部署、弹性负载均衡、弹性扩缩容等重要功能，并且云容器实例提供了 Kubernetes 原生 API，支持使用 kubectl 访问容器。云容器实例中的镜像、容器和命名空间（Namespace）的概念同本章第 6.1 节所述。除此之外，云容器实例还涉及以下基本概念。

1. CCI 基本概念

（1）标签（Label）。Label 是 Kubernetes 系统中的一个核心概念。一个 Label 是一个 key-value 的键值对，其中 key 与 value 由用户自己指定。Label 可以附加到各种资源对象上，例如 Node、Pod、Service 等。一个资源对象可以定义任意数量的 Label，同一个 Label 也可以被添加到任意数量的资源对象上，Label 通常在资源对象定义时确定，也可以在对象创建后动态添加或者删除。

当资源变得非常多的时候，分类管理就变得非常重要。为此，Kubernetes 提供了一种机制来为资源分类，那就是 Label（标签）。图 6-6 所示为使用标签组织 Pod 资源的前后对比。当 Pod 变得多起来后，就显得杂乱且难以管理，如图 6-6（a）所示。如果为 Pod 打上不同标签，那么相同的 Pod 实例就可以归为一类，在查询使用以及管理方面就变得非常方便，如图 6-6（b）所示。

Label 非常简单，但是功能却很强大。Kubernetes 中几乎所有的资源都可以用 Label 来组织。用户可以通过指定的资源对象捆绑一个或多个不同的 Label 来实现多维度的资源分组管理功能，以便于灵活、方便地进行资源分配、调度、配置、部署等管理工作，随后就可以通过 Label Selector（标签选择器）查询和筛选拥有某些 Label 的资源对象。

Label 的形式为 key-value 形式，使用非常简单。例如，为 Pod 设置 app＝nginx 和 env＝prod 两个 Label 的代码如下：

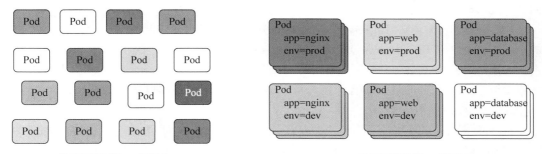

(a) 使用标签组织Pod资源前　　　　　　　　(b) 使用标签组织Pod资源后

图 6-6　使用 Label 组织 Pod 资源前后对比

```
apiVersion: v1
kind: Pod
metadata:
  name: nginx
  labels:                      # 为 Pod 设置两个 Label
    app: nginx
    env: prod
```

（2）服务（Service）。Service 是 Kubernetes 中的另一个核心概念，通过创建 Service 可以为一组具有相同功能的容器应用提供一个统一的入口地址，并且将请求负载分发到后端的各个容器应用上。Service 从逻辑上代表了一组 Pod，具体代表哪组 Pod，则由标签（Label）来识别。

用户直接通过 Pod 的 IP 地址和端口号可以访问到容器应用内的服务，但是 Pod 的 IP 地址是不可靠和不稳定的。因为 Pod 是有生命周期的，它们可以被创建，也可以被销毁，然而一旦被销毁，生命就永远结束。例如，当 Pod 所在的 Node 发生故障时，Pod 将被 Kubernetes 重新调度到另一个 Node，Pod 的 IP 地址也将发生变化。更重要的是，如果容器应用本身是分布式的部署方式，通过多个实例共同提供服务，就需要在这些 Pod 实例的前端设置一个负载均衡器实现请求的分发。Kubernetes 中的 Service 就是用于解决这些问题的核心组件。

当用户需将其应用中的服务暴露给外部访问时，可以通过以下 4 种 Service type 实现。

① ClusterIP：将服务与一个集群 IP 地址绑定。这是默认的配置方式，此方式仅用于实现集群内部之间的通信。

② NodePort：将 Service 映射到每个 Node 的一个指定静态端口上，映射的每个 Node 的静态指定 Port 都一样。用户可以通过访问 Node 节点的 IP＋端口实现服务的访问。

③ LoadBalancer：要配合支持华为云负载均衡服务使用，即 NodePort 的变形。但须把端口号自动添加到华为云的负载均衡中才能实现外部访问。

④ ExternalName：将服务映射到一个域名，例如，foo. bar. example. com，通过域名返

回的 CNAME 记录访问服务。

（3）路由（Ingress）。Ingress 是对集群中服务的外部访问进行管理的 API 对象，典型的访问方式是 HTTP。Ingress 公开了从集群外部到集群内服务的 HTTP 和 HTTPS 路由。流量路由是由 Ingress 资源上定义的规则控制的。因此，Ingress 也可被认为是授权入站连接到达集群服务的规则集合。用户可以给 Ingress 配置外部可访问的 URL、负载均衡、SSL、基于名称的虚拟主机等。

Service 是基于四层 TCP 和 UDP 转发的，而 Ingress 可以基于七层的 HTTP 和 HTTPS 协议转发，可以通过域名和路径做到更细粒度的划分，如图 6-7 所示。

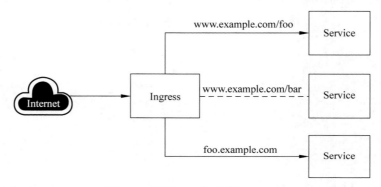

图 6-7　通过 Ingress 访问 Service

Ingress 可以同时路由到多个服务，如图 6-7 所示中，当访问 http://www.example.com/foo 时，访问的是第一个 Service，当访问 http://www.example.com/bar 时，访问的是第二个 Service；当访问 foo.example.com 时，访问的是第三个 service。

2. 命名空间和网络

Namespace（命名空间）是一种在多个用户之间划分资源的方法，适用于用户中存在多个团队或项目的情况。当前云容器实例提供"通用计算型""通用计算型-鲲鹏"和"GPU 加速型"三种类型的资源，创建命名空间时需要首先选择资源类型，之后创建的负载容器就运行在所选择类型的集群上。

Network 是云容器实例扩展的一种 Kubernetes 资源对象，用于关联 VPC 及子网，从而使容器实例能够使用华为云的网络资源。

从网络角度看，命名空间对应一个 VPC 中的一个子网，如图 6-8 所示。在创建命名空间时会关联已有 VPC 或创建一个新的 VPC，并在 VPC 下创建一个子网。后续在该命名空间下创建 Pod、Service 等资源时都会在对应的 VPC 及子网之内，且占用子网中的 IP 地址。

图 6-8　命名空间与 VPC 子网的关系

6.3.3 应用编排服务

应用编排服务(Application Orchestration Service,AOS)通过应用模板,提供华为云上以容器应用为核心的业务应用与资源的开通和部署,将复杂的业务应用与资源配置通过模板描述,从而实现一键式容器资源与应用的开通与复制。

1. 模板

模板是一个 YAML 或 JSON 格式的文本描述文件,用于描述业务所需要的云对象(云对象包括应用、资源、服务等所有云上的对象)。AOS 根据描述文件,帮助用户完成各种云对象的创建。

AOS 模板是一种用户可读、易于编写的文本文件。用户可以直接编辑 YAML 或 JSON 格式文本,同时 AOS 的模板市场中提供了海量、免费的应用模板,适用于热点应用场景,便于用户直接使用或参考。

AOS 模板所用到的 YAML 实质上是一种通用的数据串行化格式。在编辑 AOS 模板时,需要遵循 YAML 的基本语法规则。

(1) 大小写敏感。

(2) 使用缩进表示层级关系。

(3) 缩进时,不允许使用 Tab 键,只允许使用空格。

(4) 缩进的空格数目不重要,只要相同层级的元素左侧对齐即可。

(5) ♯ 表示注释,从这个字符一直到行尾,都会被解析器忽略。

建议读者使用 NotePad++软件编辑 YAML 文件,以便使文档对齐。

2. 堆栈

堆栈是应用和云服务资源的集合。堆栈可以将应用、云服务作为一个整体来进行创建、删除等操作。在创建堆栈过程中,AOS 可以通过堆栈统一管理云资源和应用,并自动配置用户在模板上指定的云资源和应用,还可以查看堆栈内各云资源或应用的状态和告警等。对于云资源和应用的创建、删除、复制等操作,也都可以以堆栈为单位来完成。

6.4 部署云容器服务

6.4.1 部署容器实例

本节将以运行一个 WordPress+MySQL 的博客系统为例,使用云控制台创建负载的方式向读者演示如何部署和应用容器实例服务。WordPress 需配合 MySQL 一起使用:WordPress 运行内容管理程序,MySQL 作为数据库存储数据。通常将 WordPress 和 MySQL 分别运行在两个容器中,因此需要创建两个工作负载。

1. 创建命名空间

登录华为云控制台,单击界面左上角的"服务列表"按钮,单击"容器服务"列表中的"云容器实例 CCI"链接,打开云容器实例控制台,如图 6-9 所示。

图 6-9　云容器实例控制台

在图 6-9 中,以图示的形式简单列出了使用云容器服务的简单步骤。

第一步,使用容器镜像服务(SWR)创建镜像仓库,并上传容器镜像,此步为可选项。

第二步,创建命名空间,即如果存在多个团队或项目时可按照逻辑划分创建不同类型命名空间。

第三步,使用容器镜像、kubectl 等方式,创建工作负载。云容器实例支持的工作负载比云容器引擎相对少一些,主要包括无状态负载(Deployment)、短时任务(Job)和定时任务(CronJob)3 种。Job 是用来控制批处理型任务的资源对象。批处理业务与长期伺服业务(Deployment)的主要区别是批处理业务的运行有头有尾,而长期伺服业务在用户不停止的情况下永远运行。定时任务是基于时间控制的短时任务(Job),类似于 Linux 系统的 crontab 文件中的一行,在指定的时间周期运行指定的短时任务。

第四步,查看工作负载的运行状态、监控告警,对工作负载进行升级、弹性伸缩等操作。

单击图 6-9 所示界面中的"＋创建命名空间"按钮,进入命名空间配置界面,如图 6-10 所示。针对不同的资源诉求场景,可以创建不同类型的命名空间,也可以一键式创建通用计算场景下的命名空间。

在图 6-10 中,此处样例选择"通用计算型"命名空间,单击"＋创建"按钮,进入图 6-11 所示的界面。在界面中填写命名空间名称,用户可以自定义设置。设置 VPC,可选择使用已有 VPC 或新建 VPC,新建 VPC 需要填写 VPC 网段,建议使用网段 10.0.0.0/8～22,172.16.0.0/12～22,192.168.0.0/16～22。在创建命名空间时,高级设置部分保持默认即可。最后单击图 6-11 所示界面右下角的"创建"按钮,完成命名空间的创建。

命名空间是对于同一用户下的云容器实例的逻辑划分，适用于用户中存在多个团队或项目的场景。针对不同的资源诉求场景，您可以创建不同类型的命名空间，也可以一键式创建通用计算场景下的命名空间。

通用计算型
支持创建含CPU资源的容器实例及工作负载...
＋创建

通用计算型-鲲鹏
支持创建使用华为自研鲲鹏处理器的容器实...
申请公测

GPU加速型
支持创建含GPU资源的容器实例及工作负载...
＋创建

Ascend芯片
（敬请期待）
＋创建

全部类型　全部状态　请输入命名空间名称

负载　负载　负载

命名空间

可用区　子网　子网　子网

VPC

命名空间：命名空间是对于同一用户下的云容器实例的逻辑划分，适用于用户中存在多个团队或项目的场景。如何创建命名空间

图 6-10　选择命名空间的资源类型

基本信息

命名空间类型　通用计算型

命名空间名称　cci-namespace-wordpress　✕

RBAC权限 ⑦　◯

VPC设置 ⑦

VPC选择　[已有VPC] [新建VPC]

容器所属VPC　vpc-a6c2　▾　C

VPC状态　◉ 正常

VPC网段　192.168.0.0/16

VPC ID　00b1747f-6abb-4e6d-b522-9e41f5eb2b4c

子网设置

子网选择　[已有子网] [新建子网]

子网名称　subnet-a754　▾

子网网段　192.168.0.0/24

可用IP数　251 可用IP数太少可能会影响负载的正常使用

高级设置　∧

预热IP资源池大小(个) ⑦　－　10　＋

预热IP资源池回收间隔（h）⑦　－　24　＋

容器网络预准备 ⑦　◯

创建　取消

图 6-11　配置命名空间基本信息及子网

2. 创建 MySQL 负载

登录 CCI 管理控制台,在左侧导航栏中的"工作负载"菜单项中选择"无状态(Deployment)"菜单,单击右侧界面的"创建负载"按钮,弹出如图 6-12 所示的"创建无状态负载"界面。

图 6-12 "创建无状态负载"界面

在图 6-12 所示的界面中配置和添加如下基本信息。

(1)定义负载名称。由用户自定义。此处样例为 mysql。

(2)选择命名空间。选择之前创建的命名空间。此处选择为 cci-namespace-wordpress。

(3)选择 Pod 数量。一般实际业务部署推荐采用 HA 部署,即至少要有两个 Pod。本例中修改 Pod 数量为 1。

(4)选择 Pod 规格。根据业务需要选择即可,此处样例选择"通用计算型",CPU 0.5核,内存 1GB。

(5)容器配置。首先选择镜像,单击"开源镜像中心"标签,然后在标签右上角的搜索输入框内输入 mysql,就会搜索出 MySQL 的容器镜像,如图 6-13 所示。

在图 6-13 所示中,单击"使用该镜像"按钮,弹出如图 6-14 所示界面。在该界面中的"镜像版本"选项的下列列表中选择镜像版本号为 5.7,并为容器自定义一个名字,此处为 container-mysql,然后单击"高级设置"标签,在打开的标签中单击"手动输入"环境变量,在"变量名称"处输入 MYSQL_ROOT_PASSWORD,在"变量值"输入框中输入用户自定义的数据库 root 用户的密码,此处样例输入 123456。

(6)配置容器访问设置。在图 6-14 所示界面的右下角单击"下一步:访问设置"按钮,进入图 6-15 所示界面。在该界面中,选择"访问方式"为 Service,关于 Service 的描述请参见第 6.3.2 节的内容。负载访问的"协议"选择为 TCP,"负载访问端口"和"容器端口"均设置为 3306。

图 6-13 为容器选择镜像

图 6-14 容器详细配置

图 6-15　容器访问设置

在图 6-15 所示界面中,单击"下一步:高级设置"按钮,进入如图 6-16 所示高级设置界面,选择容器的"升级策略"为"滚动升级","最大无效实例数"为 1(每次滚动升级允许的最大无效实例数,如果等于实例数,就会有中断业务服务风险(最小存活实例数＝实例数－最大无效实例数))。然后,确认容器规格无误后,单击"提交"按钮即可创建工作负载。到此为止,运行 MySQL 数据库的容器工作负载即创建完成。

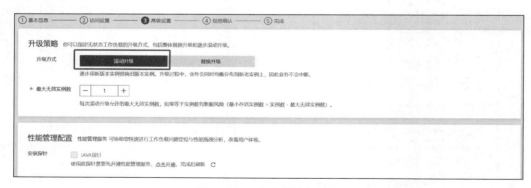

图 6-16　工作负载高级设置

3. 创建 WordPress 负载

参照创建 MySQL 负载的过程,继续创建 WordPress 负载。此处所创建的 WordPress 工作负载仍然是一个"无状态"(Deployment)。创建工作负载的配置界面如图 6-17 所示。

(1)负载名称:用户自定义名称。此处样例为 wordpress。

(2)命名空间:选择之前创建的命名空间。

（3）Pod 数量：本例中修改 Pod 数量为 2。

（4）Pod 规格：选择"通用计算型""CPU 0.5 核""内存 1GB"选项。

图 6-17 WordPress 负载基本信息

（5）容器配置。在开源镜像中心搜索 wordpress，选择 wordpress 镜像，如图 6-18 所示。配置镜像参数，镜像版本设置为 php7.1，CPU 和内存（GB）分别设置为 0.50 和 1.000，如图 6-19 所示。

图 6-18 WordPress 镜像选择

（6）容器高级配置。在高级配置中，设置环境变量，使 WordPress 可以访问 MySQL 数据库，如图 6-20 所示，环境变量的取值说明如表 6-2 所示。

（7）配置负载访问信息。"负载访问"选择"公网访问"，"服务名称"为 wordpress，选择 ELB 实例（如果没有实例，下拉列表中将出现"新建增强型 ELB 实例"选项，此时应选择并创建一个 ELB），选择 ELB 为 HTTP/HTTPS，ELB 端口号为 3562，指定负载访问的 8088

图 6-19 容器镜像参数配置

图 6-20 容器高级配置

表 6-2 环境变量取值

环 境 变 量	变 量 引 用
WORDPRESS_DB_HOST	MySQL 的访问地址。示例：10.247.146.36:3306
WORDPRESS_DB_PASSWORD	MySQL 数据库的密码,此处密码必须与创建 MySQL 负载时设置 MySQL 的密码相同

端口映射到容器的 80 端口(WordPress 镜像的默认访问端口),HTTP 路由映射路径设置为"/",即通过 http://elb ip:外部端口,就可以访问 WordPress 应用,设置路由映射到 8088 负载端口。配置如图 6-21 所示。

配置完成后,单击"下一步"按钮,确认规格后,单击"提交"按钮,即可创建 WordPress 负载。在负载列表中,待负载状态为"运行中"时表明负载创建成功。

4. 访问 WordPress 应用

在工作负载列表界面,单击刚刚创建的 WordPress 负载,进入负载详情界面,在"访问配置"处选择"公网访问"标签,查看公网访问地址,即 ELB 实例的"IP 地址:端口",如图 6-22 所示。

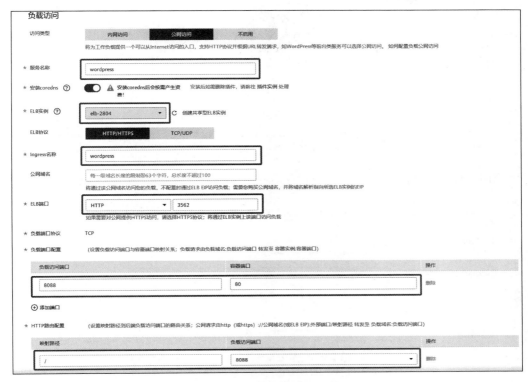

图 6-21 容器负载访问配置

访问配置

内网访问 **公网访问** 事件

访问类型	公网访问地址	公网IP	内网访问地址
集群内访问 （ClusterIP）	http://114.116.198.179:3562/	114.116.198.179	http://192.168.0.97:3562/

图 6-22 WordPress 负载访问配置

在客户端本地的浏览器中输入 ELB 的公网访问地址,即可打开如图 6-23 所示的 WordPress 安装界面,此时说明基于容器实例部署成功。

6.4.2 创建云容器引擎

云容器引擎(CCE)是一种托管的 Kubernetes 服务,可进一步简化基于容器的应用程序部署和管理,用户可以在 CCE 中方便地创建 Kubernetes 集群、部署业务的容器化应用,以及方便地进行管理和维护操作。CCE 采用兼容标准的 Kubernetes 集群,Kubernetes 集群属于主从分布式架构,主要由 Master 和 Worker Node 组成,除此之外,还包括客户端命令

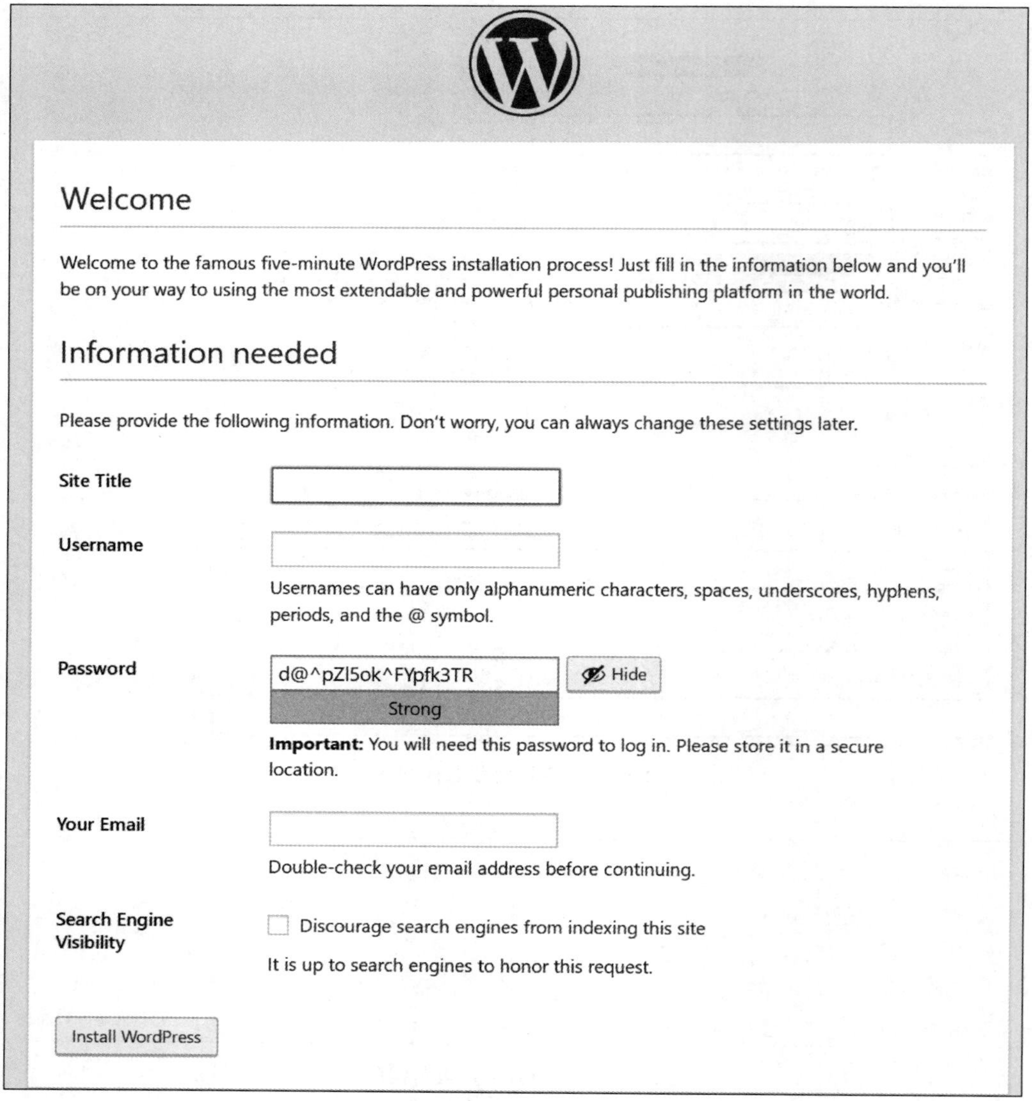

图 6-23　WordPress 安装界面

行工具 kubectl 和其他附加项。因此,在 CCE 集群中至少包含一个 Master 和多个 Worker Node,这些 Worker Node 称为工作节点,这些节点都运行在 Kubernetes 集群编排系统中。

本节将在云平台实际创建一个云容器引擎,带领读者开启学习容器引擎的相关实践。

1. 创建 Kubernetes 集群

在创建 Kubernetes 集群前,用户必须先确保已存在虚拟私有云,否则无法创建集群。若用户已有虚拟私有云,可重复使用,无须重复创建。虚拟私有云为 CCE 集群提供一个隔离的、用户自主配置和管理的虚拟网络环境。

首先登录 CCE 控制台,在总览界面单击"购买 Kubernetes 集群"按钮进入集群服务参
数配置界面,如图 6-24 所示。

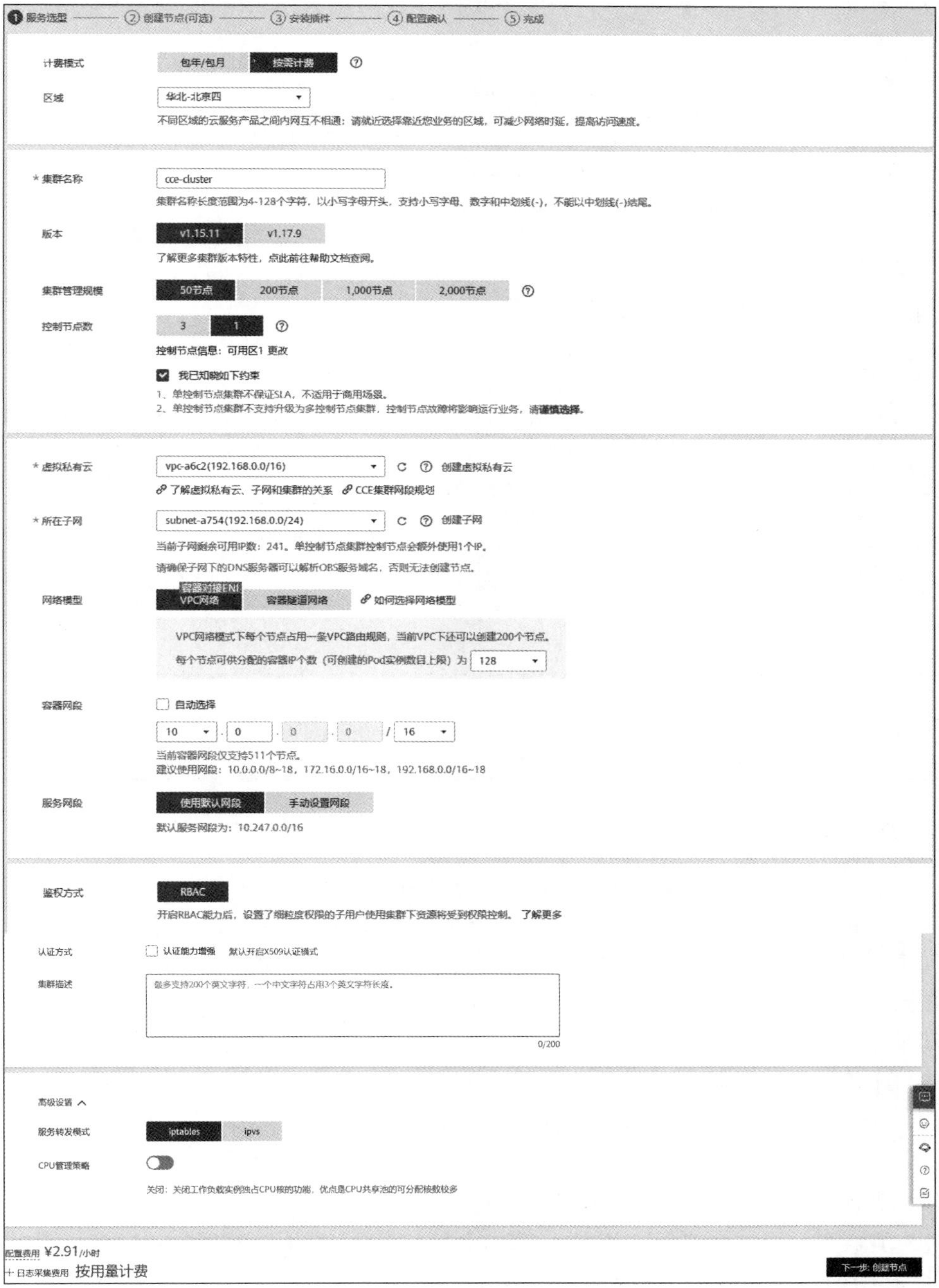

图 6-24 集群服务参数配置

请根据表 6-3 所示取值配置集群的服务参数。高级设置部分保持默认即可。在设置控制节点数时,如果选择多控制节点模式,那么开启后将创建 3 个控制节点,在单个控制节点发生故障后集群可以继续使用,不影响业务功能。商用场景建议采用多控制节点模式,此处样例取值为 1。

表 6-3　创建集群参数及参数说明

参　　数	参　数　说　明
＊计费模式	支持包年/包月和按需计费。本样例选择"按需计费"
＊区域	集群所处地域,建议就近选择靠近您业务的区域
＊集群名称	新建集群的名称。集群名称长度范围为 4～128 个字符,以小写字母开头,由小写字母、数字、中划线(-)组成,但不能以中划线(-)结尾。此处自定义即可
＊版本	集群版本。此处选择 V1.15
＊集群管理规模	当前集群可以管理的最大节点规模。若选择 50 节点,表示当前集群最多可管理 50 个节点。本样例取值为 50
＊控制节点数	默认选择 3。商用场景建议选择多控制节点模式集群。此样例非商用,选择为 1
＊虚拟私有云	新建集群所在的虚拟私有云。若没有可选虚拟私有云,则单击"创建虚拟私有云"按钮进行创建,完成创建后单击刷新按钮
＊所在子网	节点虚拟机运行的子网环境
＊网络模型	默认即可
＊容器网段	设置为自动选择
服务网段	默认为不设置
认证方式	默认不选择
集群描述	选填
高级设置	选择"暂不配置"
＊购买时长	计费模式选择按需计费时不显示

2. 创建集群节点

配置完成集群的服务参数之后,单击界面右下角的"下一步:创建节点"按钮,进入图 6-25 所示界面。创建节点这一步是可选步骤,用户可以现在创建节点,也可以稍后在弹性云服务器中创建,然后再由 CCE 集群接纳和管理节点。本样例选择"现在添加"选项。

在图 6-25 所示界面中完成如下参数的配置。需要说明的是,图 6-25 所示中并未显示所有配置参数,仅做演示使用。

(1) 计费模式。跟随集群的计费方式。

(2) 当前区域。节点实例所在的物理位置,默认即可。

(3) 可用区。默认即可。

(4) 节点类型。选择"虚拟机节点"选项。

(5) 节点名称。自定义节点名称。节点名称以小写字母开头,由小写字母、数字、中划线(-)组成,但不能以中划线(-)结尾。

(6) 节点规格。根据业务需求选择相应的节点规格。此样例选择为 s6.large.2。

图 6-25　为 CCE 集群创建节点

（7）操作系统。选择节点对应的操作系统，此样例选择为 CentOS 7.6 版本。

（8）弹性 IP。选择"现在购买"选项，配置如下：弹性 IP 购买数量：1。规格：默认即可。计费模式：选择"按带宽计费"选项。带宽类型：选择"独享"选项。带宽大小：按业务需求选择。

（9）系统盘和数据盘。设置节点磁盘空间。系统盘：按业务需求选择，默认值为 40GB。数据盘：按业务需求选择，默认值为 100GB。

（10）登录方式选择：支持密码和密钥对。此样例选择为密钥对，选择之前创建的密钥对即可。如果没有密钥对，可以在此时创建一个。在密钥对创建完成后，系统会提示下载私钥文件到本地。

创建集群节点的数量，本样例选择创建节点数量为 1。云服务器高级设置和集群高级设置保持默认即可。

3. 安装集群插件

系统资源插件必须要安装，高级功能插件可根据实际业务需求选择性地进行安装即可。此处确保系统资源所有插件处于选中状态，如图 6-26 所示。高级功能插件也可以在集群创建完成后，单击"插件管理"菜单进行安装。

4. 规格确认完成配置

确认所设置的服务选型参数、规格和费用后，单击"提交"按钮，开始创建集群。集群的创建预计需要 6～10min，之后可以单击"返回集群管理"链接进行其他操作或单击"查看集群事件列表"链接后查看集群详情。至此，已经快速创建了一个 Kubernetes 集群，如图 6-27 所示。

CCE 提供基于 Kubernetes 原生类型的容器部署和管理能力，支持容器工作负载部署、

图 6-26 插件安装

图 6-27 CCE 集群创建成功

配置、监控、扩容、升级、卸载、服务发现及负载均衡等生命周期管理。用户可以直接在 CCE
容器引擎创建工作负载,具体步骤和 CCI 容器实例创建工作负载步骤类似,在此不再赘述。
在下一节将介绍采用另外一种方法创建容器应用,即 AOS 模板。

6.4.3 AOS 模板部署应用

AOS 模板就是一个用 YAML 书写的描述云对象的文本文件,云对象包括应用、资源、服务等所有云上的对象。AOS 模板也可以采用 JSON 格式描述。任何一种自动化的过程都需要一种描述语言来控制其执行流程。例如,shell 脚本(文本文件)描述如何自动执行 command 命令,AOS 模板也一样,用来描述各种云对象的创建、销毁等流程。

AOS 是华为云推出的云上资源的自动化编排服务,对于各种云资源的申请,通过编写 AOS 模板一步就可实现所有资源的申请和创建,从而实现应用业务的快速上云。本节将通过 Magento 电商应用模板,快速部署一个 Magento 电子商务网站容器应用。Magento 电子商务网站包含一个前端组件和一个 MySQL 数据库。本章节将讲解修改"Magento 电商应用"公共模板,基于应用编排和容器技术实现快速部署 Magento 电商网站,修改后的模板支持在创建堆栈时对容器使用的 CPU 和内存进行"申请与限制"的约束。

在部署容器前,需确保至少已包含一个可用容器集群和一个 2C4G 的节点。本节在第 6.4.2 节所创建的 CCE 集群基础上进行讲解。

1. 获取 AOS 模板

(1) 复制模板。登录 AOS 控制台,选择左侧导航栏的"模板市场"菜单,单击"公共模板"链接,然后在右侧界面中的"行业场景模板"下找到"Magento 电商应用"模板,如图 6-28 所示。

图 6-28 获取"Magento 电商应用"模板

在图 6-28 所示界面中,单击"Magento 电商应用",查看模板详情,如图 6-29 所示。在模板详情中,展示了该模板的概述、模板图示和使用说明。Magento 应用组中包含了一个 Magento 前台应用和 MySQL 数据库应用,且 Magento 依赖于 MySQL 应用,即 Magento 需要将数据存储到 MySQL 中。单击图 6-29 所示界面中的"复制模板"按钮,在弹出的窗口中输入模板名称和版本号,单击"确定"按钮,系统将会复制模板文件到"我的模板"栏目中。

(2) 下载模板。在复制模板后,单击"下载模板"链接,将模板文件下载并保存到本地,此处版本为 2.2。由 NotePad++记事本打开模板文件如图 6-30 所示。

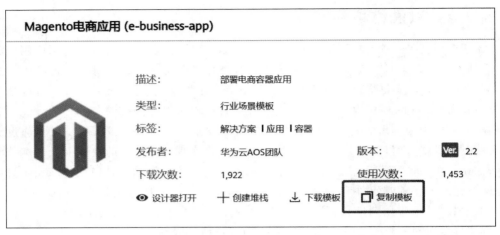

图 6-29　Magento 电商 AOS 模板详情

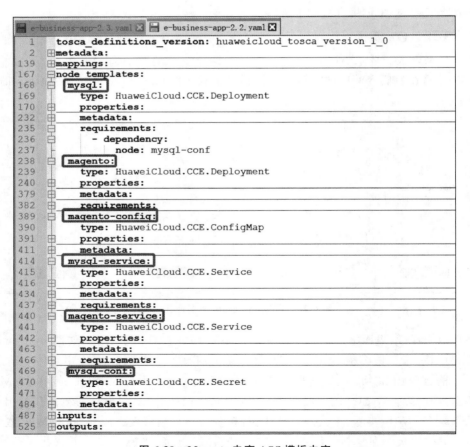

图 6-30　Magento 电商 AOS 模板内容

AOS 模板文件主要包括五部分,分别是 metadata、inputs、outputs、mappings 和 node-templates。其中,metadata 为元数据定义部分,inputs 为输入参数定义;outputs 为输出参数定义;mappings 为映射表定义部分;node_templates 为应用拓扑的定义。模板文件的第一行是应用模板所基于的类型定义版本。

模板的各属性解释如下所述。

① inputs:可选项,用于定义基于模板创建堆栈时的可变部分。一个模板最多支持定义 60 个 inputs 输入参数。每个 inputs 输入参数均需定义唯一的名称,以便在使用时通过 get_input 内置函数获取到具体的值。若重复定义了 inputs,后面定义的将会覆盖之前定义的。

作用范围:node_templates 与 outputs,即输入参数可以在 node_templates 的属性及 outputs 的 value 中进行传参。

② mappings:可选项,用于定义映射表。在基于模板创建堆栈时,可以根据输入的变量信息,通过 get_in_map 方法提取特定变量对应的内容。一个模板最多支持定义 10 个映射。

③ node_templates:必填项,用于定义该模板中编排的元素对象集合,其中所有对象均为元素。一个元素可以是一个应用、一个云服务资源。

④ outputs:可选项,用于定义模板生成堆栈运行时的输出参数。每个输出参数都需要定义唯一的名称。

2. 编排 AOS 模板

(1)编辑 AOS 模板。根据业务需要修改模板信息。以下以增加 Magento 前台应用的 CPU 和内存的申请与限制参数为例编排模板。使用 NotePad++打开下载的模板文件,然后找到名字为 magento-container 的那一行,在该行下边输入如图 6-31 所示的内容。

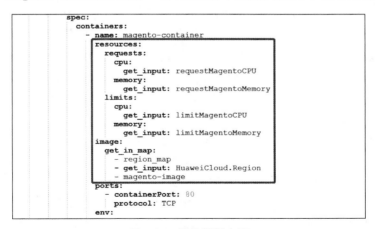

图 6-31 编排模板内容

所增加的各属性解释如下所述。

resources:定义容器资源规格。

requests:给容器分配的资源配额。

limits：容器能够使用的资源上限。

cpu：容器使用的 CPU 需求。

memory：容器使用的 Memory 需求。

get_input：用于获取模板文件中 inputs 区域中定义的输入参数的值。

然后定位到模板文件 inputs：那一行，在该行下面加入图 6-32 所示的内容。编辑完成后，保存模板文件为后缀名字为 2.3 版本，如 e-business-app-2.3.yaml。

图 6-32　编辑 AOS 模板 inputs 部分

所增加的各属性解释如下所述。

inputs：定义基于模板创建堆栈时的可变部分，即由用户通过输入框输入部分。

requestMagentoCPU：定义输入参数 Magento 应用的 CPU 申请。

requestMagentoMemory：定义输入参数 Magento 应用的内存申请。

limitMagentoCPU：定义输入参数 Magento 应用的 CPU 限制。

limitMagentoMemory：定义输入参数 Magento 应用的内存限制。

description：参数描述信息。

label：参数的标签，此处定义的标签可在创建堆栈时进行分类展示。

（2）上传 AOS 模板文件。进入 AOS 应用编排服务控制台，单击左侧导航栏的"我的模板"菜单项，在此界面右侧将显示之前复制的模板，单击模板名字的链接进入模板详情页，如图 6-33 所示。单击此界面下侧的"新增版本"按钮，弹出"上传本地模板"对话框，如图 6-34 所示。

在图 6-34 所示的对话框中，输入版本号，此处可输入 2.3，然后单击"上传文件"按钮，选择本地在第（2）步编辑好的模板文件，上传完成之后，单击"增加"按钮，即可完成 AOS 模板文件的新增版本工作。

3. 创建堆栈

堆栈是应用程序、云服务资源的集合，它将应用、云服务作为一个整体来进行创建、升

图 6-33 为 AOS 模板文件新增版本

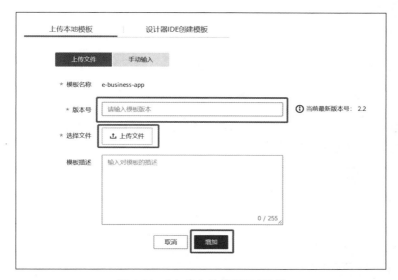

图 6-34 "上传本地模板"对话框

级、删除等。在 AOS 中,通过创建堆栈可以把应用程序一键式部署到华为云上并有序地管理应用程序依赖的云服务资源。其操作步骤如下所述。

(1) 查看节点可分配资源。进入 CCE 控制台,单击左侧导航栏的"资源管理"菜单中的"节点管理"链接,显示如图 6-35 所示界面。修改后的模板支持在创建堆栈时设置资源限制,可以分别为 Magento 前台应用和 MySQL 数据库应用的 CPU 和内存进行申请与限制。因此,在创建堆栈之前要先查看节点可以分配的 CPU 和内存资源。

图 6-35 节点可分配的资源

可分配量按照实例请求值(request)计算,表示实例在该节点上可请求的资源上限,不代表节点实际可用资源。计算公式为:

可分配 CPU＝CPU 总量－所有实例的 CPU 请求值－其他资源 CPU 预留值;

可分配内存＝内存总量－所有实例的内存请求值－其他资源内存预留值

(2)创建堆栈。在我的模板详情界面,选择刚上传的模板版本,选择"创建堆栈"选项,如图 6-36 所示。

图 6-36　创建堆栈

(3)配置堆栈信息。如图 6-37 所示,"堆栈名称"由用户自定义。此样例配置名称为 magento,计费模式设置为按需计费。

图 6-37　堆栈基本信息

如图 6-38 所示界面中,配置部分的 magento 标签下的参数中已经出现关于对容器 CPU 和内存请求作限制的配置框。根据第(1)步"节点可分配资源"填写适当的值即可。

注意,request 申请的资源一定不要超过节点可分配的资源,否则将导致堆栈创建失败。建议配制方法:节点的实际可用分配 CPU 量≥当前实例所有容器 CPU 限制值之和≥当前实例所有容器 CPU 申请值之和,节点的实际可用分配内存量≥当前实例所有容器内存限制值之和≥当前实例所有容器内存申请值之和。各参数说明如表 6-4 所示。

表 6-4 配置 Magento 应用的参数、说明及其参数值

参 数	说 明	参 数 值
limitMagentoCPU	增加的输入参数,Magento 应用的 CPU 限制	根据应用需求填写,数值后无须加上单位,默认单位为 GB(如 1GB)
limitMagentoMemory	增加的输入参数,Magento 应用的内存限制	根据应用需求填写,数值后加上单位 MB(如 2048MB)
magento-EIP	节点的弹性 IP	请从前提条件中获取弹性 IP 数值(如 10.0.0.0)
magento-EPORT	节点端口	请输入 30 000~32 767 的整数,请保证集群内唯一。可保持默认 32 080
requestMagentoCPU	增加的输入参数,Magento 应用的 CPU 申请	根据业务需求填写,数值后无须加上单位,默认单位为 GB(如 0.5)
requestMagentoMemory	增加的输入参数,Magento 应用的内存申请	根据业务需求填写,数值后加上单位 MB(如 1024MB)

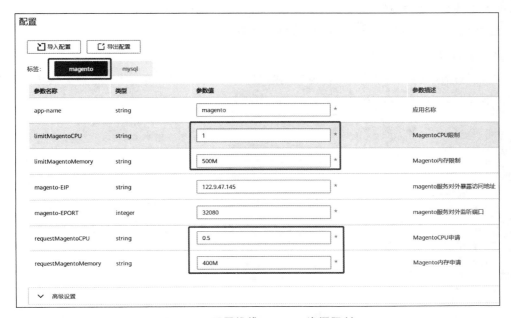

图 6-38 配置堆栈 Magento 资源限制

配置完 Magento 标签后,选择 mysql 选项切换至 mysql 标签。在该标签下,要求配置 MySQL 服务的密码以及 MySQL 数据库 root 用户的密码,两个密码都由用户自定义设置, 如图 6-39 所示。

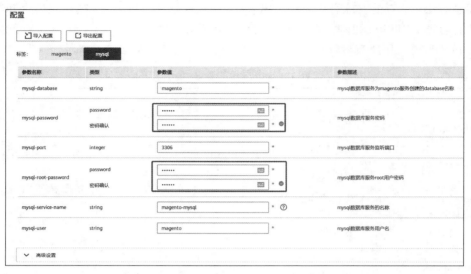

图 6-39　配置堆栈 MySQL 密码

堆栈的高级设置部分保持默认即可,在所有配置完成后,单击界面下方的"下一步"按 钮,进入堆栈参数配置确认界面,在确认无误后,单击界面右下角的"创建堆栈"按钮,系统开 始创建堆栈,等待 4~5min 后,堆栈即可创建完成。

4. 访问 Demo 应用

堆栈创建成功后,单击"堆栈详情"链接,进入"堆栈详情"界面,可查看到堆栈状态为"正 常","堆栈元素"中存在 6 个云服务,如图 6-40 所示。

元素名称	类型	资源名称	健康状态	规格		操作状态
magento	CCE.Deployment	magento	-	类型	Deployment	创建成功
magento-config	CCE.ConfigMap	magento-config-d38d5e9a	-	类型	ConfigMap	创建成功
magento-service	CCE.Service	magento	-	类型	Service	创建成功
mysql	CCE.Deployment	magento-mysql	-	类型	Deployment	创建成功
mysql-conf	CCE.Secret	magento-mysql	-	名称	magento-mysql	创建成功
				密钥类型	Opaque	
mysql-service	CCE.Service	magento-mysql	-	类型	Service	创建成功

图 6-40　堆栈创建成功

在图 6-40 所示界面中,单击"输出参数"标签,可以看到堆栈的输出值,如图 6-41 所示。根据输出值中的访问地址,用户可以在客户端本地浏览器地址栏中输入该地址,如果能够正常访问 Magneto 电商网站,就表明应用部署成功,如图 6-42 所示。

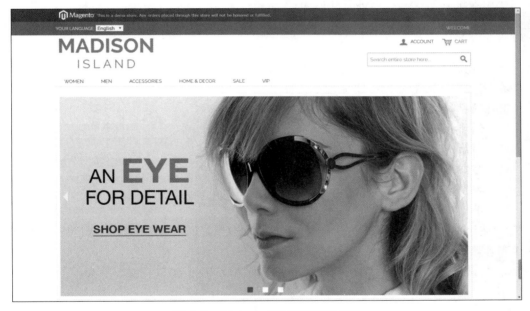

堆栈元素	输出参数	输入参数	告警	事件

输出项	输出值	描述
ingress-admin_password	magentorocks1	Password of super user.
magento-addr	http://122.9.47.145:32080	Access URL for magento service.
magento-admin_username	admin	Super user name.

图 6-41 堆栈输出值

图 6-42 Magento 电商网站部署成功

6.5 资源清理

为了防止为不需要的服务付费,建议删除堆栈,清理资源。首先登录 AOS 控制台,在左侧导航栏中,单击"我的堆栈",选中已创建成功的堆栈,单击"删除堆栈"按钮,根据界面提示删除堆栈。

在删除堆栈之后,删除 CCE 集群,直接进入 CCE 控制台的"资源管理"菜单下的"集群管理",找到要删除的集群,单击"删除集群"按钮即可清除资源占用。

在云容器实例(CCI)中,只需要将所添加的工作负载删除即可,如果应用了负载均衡服务,就需要到弹性负载均衡控制台中删除弹性负载均衡服务。在删除弹性负载均衡服务时,需要首先删除后端服务器,然后删除监听器,最后再删除负载均衡服务。

6.6 本章小结

在 Linux 中,容器技术是一种进程隔离的技术,应用可以运行在一个个相互隔离的容器中,与虚拟机相同的是,可以为这些容器设置计算资源限制,挂载存储,连接网络,而与虚拟机不同的是,这些应用运行时共用一个 Kernel。但是容器的运行不需要再额外安装虚拟机操作系统,容器是一种比虚拟机更轻量级的虚拟化技术。

本章对比分析了容器技术与虚拟化技术的异同,简单介绍了当前 Docker 容器技术的架构、原理和优势,在此基础上,介绍了华为云服务中的云容器实例(CCI)、云容器引擎(CCE)以及应用编排服务(AOS)的部署和应用。

习题

1. 试比较容器与虚拟机的优缺点及适用场景。
2. 简述 Linux 容器的基本原理。
3. 安装部署 Docker 环境,完成如下基本操作。
(1) 创建和安装 Docker 容器;
(2) 容器的启动、查看、删除操作;
(3) 容器镜像下载、搜索、制作、导入导出等操作;
(4) 查看容器网络信息;
(5) 手动挂载存储卷操作。
4. 使用 Docker 将基于 Nginx 镜像打包一个容器镜像,并基于容器镜像运行应用,然后推送到容器镜像仓库。
5. 尝试利用云平台中的 AOS 模板市场中的 AOS 模板发布一款小游戏。

第7章 企业主机安全服务

当前企业的 IT 领域时刻面临着数据泄露、系统漏洞、数据丢失等潜在风险的威胁,因此,如何全面保障主机整体安全地服务,高效管理主机的安全状态,并构建服务器安全体系,降低当前服务器面临的主要安全风险,满足云上、云下主机客户的安全诉求,已然成为影响当前企业网络安全目标的重要因素。企业主机安全服务旨在提升服务器主机的整体安全性,主要通过风险控制、入侵检测、网页防篡改等功能全面识别用户的信息资产,实时监测并阻断非法入侵行为,提升企业主机的安全性和稳定性。

通过本章,您将学会:

(1) 配置主机防护配额;

(2) 安装 Agent;

(3) 设置告警通知;

(4) 开启主机防护;

(5) 根据检测结果进行风险分析。

传统信息系统的网络架构伴随业务的变化而变化,系统各组件功能与硬件紧耦合,在安全防护上强调分区域和纵深防御。直观上来说,就像铁路局各管一段,信息系统通常以物理网络或者安全设备为边界进行划分。但是,云计算系统网络架构是扁平化的,业务应用系统与硬件平台松耦合,犹如航空运输。如果信息系统单纯地以物理网络或安全设备为边界进行划分,将无法体现出业务应用系统的逻辑关系,更无法保证业务信息的安全和系统服务的安全,这就犹如以机场划分各航空公司一样不适用。

随着企业业务上云的数量日渐增多,对云用户的业务及系统实施云等级保护是必然的趋势。云主机安全作为服务器贴身安全管家,企业主机安全通过资产管理、漏洞管理、基线检查、入侵检测、程序运行认证、文件完整性校验、安全运营、网页防篡改等功能,帮助企业更方便地管理主机安全风险,实时发现黑客入侵行为,以及满足云等级保护合规要求,降低主机被入侵风险。

7.1 企业主机安全服务概述

企业主机安全服务(Host Security Service,HSS)是提升主机整体安全性的服务,通过主机管理、风险预防、入侵检测、高级防御、安全运营、网页防篡改功能，全面识别并管理主机中的信息资产，实时监测主机中的风险并阻止非法入侵行为，帮助企业构建服务器安全体系，降低当前服务器面临的主要安全风险。

7.1.1　企业主机安全基本概念

（1）账户破解：账户破解是指入侵者对系统密码进行猜解或暴力破解的行为。

（2）弱口令：弱口令是指密码强度低，容易被攻击者破解的口令。

（3）恶意程序：恶意程序是指带有攻击或非法远程控制意图的程序，例如后门、特洛伊木马、蠕虫、病毒等。恶意程序通过把代码在不被察觉的情况下嵌到另一段程序中，从而达到破坏被感染服务器数据、运行具有入侵性或破坏性的程序、破坏被感染服务器数据的安全性和完整性的目的。按传播方式，恶意程序可以分为病毒、木马和蠕虫等。

恶意程序包括已被识别的恶意程序和可疑的恶意程序。

（4）勒索病毒：勒索病毒是指伴随数字货币兴起的一种新型病毒木马，通常以垃圾邮件、服务器入侵、网页挂马、捆绑软件等多种形式进行传播。一旦遭受勒索病毒攻击，将会使绝大多数的关键文件被加密。被加密的关键文件均无法通过技术手段解密，用户将无法读取原本正常的文件，仅能通过向黑客缴纳高昂的赎金，换取对应的解密私钥才能将被加密的文件无损地还原。黑客通常要求通过数字货币支付赎金，一般无法溯源。

如果关键文件被加密，企业业务将受到严重影响；黑客索要高额赎金，也会带来直接的经济损失。因此，勒索病毒的入侵危害巨大。

（5）双因子认证：双因子认证是指结合密码以及验证码两种条件对用户登录行为进行认证的方法。

（6）网页防篡改：网页防篡改为用户的文件提供保护功能，避免指定目录中的网页、电子文档、图片等类型的文件被黑客、病毒等非法篡改和破坏。

7.1.2　企业主机安全架构

企业主机安全服务（HSS）主要包括管理控制台、HSS 云端防护中心和主机端 Agent 3 个组件。在主机中安装 Agent 后，主机将受到 HSS 云端防护中心全方位的安全保障，在安全控制台可视化界面上，用户可以统一查看并管理同一区域内所有主机的防护状态和主机安全风险。

HSS 的工作原理示意如图 7-1 所示，现将 HSS 三大组件的功能简述如下所述。

（1）管理控制台：可视化的管理平台，便于用户集中下发配置信息，查看在同一区域内主机的防护状态和检测结果。

（2）HSS 云端防护中心：在 HSS 云端防护中心使用 AI、机器学习和深度算法等技术分析主机中的各项安全风险，并集成多种杀毒引擎，深度查杀主机中的恶意程序。HSS 云端防护中心能够接收用户在控制台下发的配置信息和检测任务，并转发给安装在服务器上的 Agent。同时，防护中心还能够接收 Agent 上报的主机信息，分析主机中存在的安全风险和异常信息,将分析后的信息以检测报告的形式呈现在控制台界面。

（3）主机端 Agent：Agent 通过 HTTPS 和 WSS（Web Socket Secure）协议与 HSS 云端防护中心进行连接通信,默认端口为 442、443。每日凌晨定时执行检测任务,全量扫描主机;实时监测主机的安全状态;并将收集的主机信息（包含不合规的配置、不安全配置、入侵痕迹、软件列表、端口列表、进程列表等信息）上报给云端防护中心。根据用户配置的安全策略,阻止攻击者对主机的攻击行为。

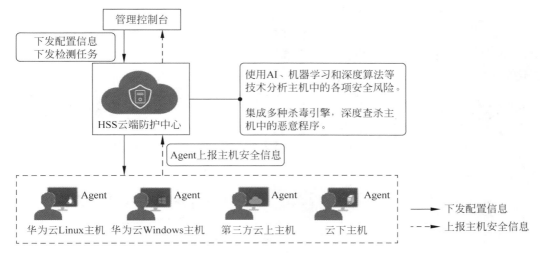

图 7-1　HSS 的工作原理示意

7.1.3　企业主机安全服务的主要功能

企业主机安全服务主要包含资产管理、漏洞管理、基线检查、入侵检测和网页防篡改功能。

（1）资产管理功能可深度扫描出主机中的账号、端口、进程、Web 目录、软件信息和自启动任务,可以统一管理主机中的信息资产。

（2）漏洞管理功能将检测 Linux 软件漏洞、Windows 系统漏洞和 Web-CMS 漏洞（CMS 为 Content Management System 的缩写）,帮助用户识别潜在风险。

（3）基线检查功能可扫描出主机系统和关键软件含有风险的配置信息。

（4）入侵检测功能可识别并阻止入侵主机的行为,实时检测主机内部的风险异变,检测并查杀主机中的恶意程序,识别主机中的网站后门等。

（5）网页防篡改功能包括静态网页防篡改、网盘文件防篡改和动态网页防篡改。该功能可实时发现并拦截篡改指定目录下文件的行为,并快速获取备份的合法文件恢复被篡改的文件,从而保护网站的网页、电子文档、图片等文件不被黑客篡改和破坏。

7.2　部署企业主机安全服务

部署企业主机安全服务相对来说比较简单,主要是为要保护的企业主机安装 Agent 客户端,然后通过管理控制台进行相关的配置即可。本章以新建一台 Linux 弹性云服务器为保护对象,介绍如何实施和部署企业主机安全服务。

7.2.1　创建弹性云服务器

登录华为云控制台,单击导航栏中的"服务列表"→"计算"→"弹性云服务器 ECS"链接,单击创建"弹性云服务器"按钮,操作系统选择 CentOS 即可,并绑定"弹性公网 IP",ECS创建结果如图 7-2 所示,具体创建过程读者可参考第 2.2 节。

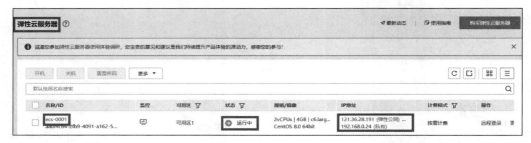

图 7-2　创建弹性云服务器

7.2.2　创建防护配额

用户在购买防护配额时,必须首先选择所在的区域,防护配额购买后必须在所选择的区域内使用。

1. 定位企业主机安全服务

登录华为云平台,单击"控制台"界面上方导航栏中的"服务列表"→"安全"→"企业主机安全 HSS"链接,如图 7-3 所示。在选择主机安全服务之前,需要首先选择所在区域或项目。

图 7-3　选择企业主机安全

2. 购买主机安全

在图 7-3 所示界面中,单击"企业主机安全"链接后,弹出如图 7-4 所示界面。在界面右上角,单击"购买主机安全"按钮,进入"购买主机安全配额"界面,如图 7-5 所示。

图 7-4 "购买主机安全"按钮

3．选择主机安全配额

在"购买主机安全配额"界面，设置配额的规格，如图 7-5 所示。

图 7-5 "购买主机安全配额"界面

（1）计费类型。支持包年/包月和按需两种类型。此处样例为按需。

（2）区域选择。支持华东-上海一、华东-上海二、华南-广州、华北-北京 4 个区域。此处样例为华北-北京四。

（3）版本选择。支持"基础版""企业版""旗舰版"和"网页防篡改版"。此处样例为企业版。

选择完成之后，单击界面右下角的"立即开通"按钮即可。如果用户选择计费类型为包年/包月，那么在购买保护配额时，还需要选择购买时长、防护主机数量等选项，在单击"立即开通"按钮后，进入确认界面，请阅读《企业主机安全免责声明》并选中"我已阅读并同意《企业主机安全免责声明》"，单击"去支付"按钮，即可开通包年/包月防护配额，如图 7-6 所示。

图 7-6　"购买主机安全配额"之"详情"

7.2.3　安装企业主机安全的 Agent

为防止未防护主机在感染勒索、挖矿等病毒后传染给其他主机,导致企业内网整体沦陷,推荐企业的云上主机应该全部署主机安全服务。下面以 Linux 主机为例,介绍如何安装企业主机安全的 Agent,Windows 主机主要下载 Agent 安装文件,将安装文件上传到云主机,双击安装即可,此处不再赘述。企业主机只有在安装 Agent 后,才能开启企业主机安全服务。通过本节介绍,您将了解如何在 Linux 操作系统的主机中安装 Agent。

在 Linux 操作系统的主机中安装 Agent 时,安装过程中不提供安装路径的选择,默认安装的路径是/usr/local/hostguard/。

1. 获取在线安装命令

在控制台左侧导航栏中,选择"安装与配置"菜单,进入"安装 Agent"界面,根据主机操作系统是 32 位还是 64 位,复制相应的安装客户端的命令,如图 7-7 所示。

2. 远程登录云主机

登录弹性云服务器控制台,在"弹性云服务器"列表中,单击"远程登录"链接登录主机,如图 7-8 所示。如果云主机绑定了弹性公网 IP,那么用户可以通过弹性公网 IP 使用 Putty、SecureCRT、Xshell 等远程登录软件登录云主机,也可以利用云控制台提供的 VNC 登录。在此选择通过控制台 VNC 方式登录。

3. 粘贴命令并安装

在远程登录界面,输入用户名和密码登录云主机后,选择控制台界面的"复制粘贴"按钮,在弹出的对话框中,将在线安装命令粘贴进去,然后单击"发送"按钮,即可将命令发送到远程主机。在远程主机界面下,按 Enter 键就可以开始在线安装过程。若界面回显信息与如下信息类似,则表示客户端安装成功,如图 7-9 所示。使用 service hostguard status 命令,也可查看 Agent 的运行状态。若界面回显信息为 Hostguard is running,则表示 Agent

图 7-7 复制安装客户端的命令

图 7-8 远程登录华为云主机

服务运行正常。

　　用户也可使用安装包安装 Agent，但是仅华为云主机支持安装包安装。首先需要下载企业主机安全服务的 Agent 软件，使用 WinSCP 或 Xftp 软件将安装包上传至待安装 Agent 的云主机后，在云主机中使用安装命令 rpm -ivh 安装 Agent，在此不作详细介绍。

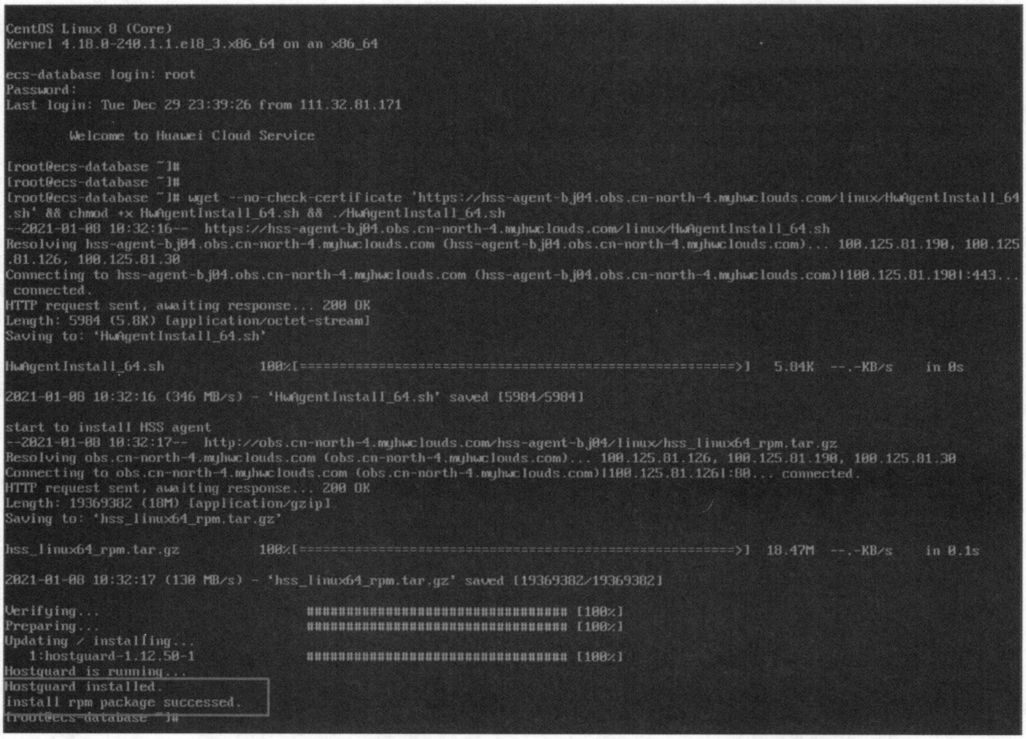

图 7-9　安装主机安全 Agent

7.3　设置企业主机安全服务

7.3.1　设置告警通知

用户开启告警通知功能后,就能接收到企业主机安全服务发送的告警通知,并及时了解主机/网页内的安全风险;否则,无论是否有风险,都只能登录管理控制台自行查看,无法收到报警信息。告警通知设置仅在当前区域生效,若需要接收其他区域的告警通知,需切换到对应区域后进行设置才可以收到其他区域的告警信息。

1. 打开告警信息标签

在控制台左侧导航栏中,选择"安全"→"企业主机安全"选项,在左侧的导航栏选择"安装与配置"菜单,在右侧的界面中选择"告警通知"标签,进入"告警通知"界面。单击下拉列表选择已创建的主题,或者单击"查看消息通知服务主题"以创建新的主题,如图 7-10 所示。

2. 创建新的主题

创建新的主题即配置接收告警通知的手机号码或邮箱地址,如图 7-11 所示。输入主题名称,用户自定义即可,然后单击"确定"按钮,即可创建新主题。

图 7-10 选择告警通知

图 7-11 创建新主题

3. 添加订阅方式

在创建主题之后,单击主题右侧的"添加订阅"链接,为该主题配置接收告警通知的手机号码或邮箱地址,即为创建的主题添加一个或多个订阅,如图 7-12 所示。添加订阅后,用户需要根据接收到的短信或邮件提示,完成订阅的确认。

4. 应用告警配置

在告警信息界面选择发送的告警信息后,单击"应用"按钮,完成配置企业主机安全告警通知的操作,如图 7-13 所示。

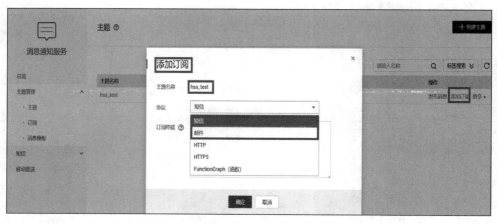

图 7-12　添加订阅

图 7-13　应用消息通知主题

7.3.2　开启企业主机防护

开启企业主机安全服务时,需为指定的主机分配一个配额,并确保已在所选区域购买了充足可用的配额。

1. 选择待保护主机

在控制台左侧导航栏中,单击"安全"列表中的"企业主机安全"链接,选择"主机管理"菜单,进入"云服务器列表(Linux)"界面。选择所需开启安全防护的主机,单击"开启防护"链接,如图 7-14 所示。

图 7-14　"云服务器列表（Linux）"界面

2. 配置并开启防护

在"开启防护"对话框中，选择"计费模式""主机安全版本"，在"防护配额"列表中选择"随机选择配额"即可，然后选中"我已阅读并同意《企业主机安全免责声明》"复选框，最后单击"确定"按钮即可开启主机防护服务，如图 7-15 所示。开启企业主机安全防护后，请在控制台上查看企业主机安全服务的开启状态。若目标主机的"防护状态"为"开启"，则表示基础版/企业版/旗舰版防护已开启。

(a) "按需计费"开启防护

(b) "包年/包月"开启防护

图 7-15　开启主机防护

说明：

（1）计费模式选择有包年/包月和按需计费两种。若选择包年/包月，则主机安全版本包括基础版、企业版和旗舰版，如图7-15（b）所示；若选择按需计费，则主机安全版本为基础版和企业版，如图7-15（a）所示。

（2）安全服务版本支持基础版、企业版和旗舰版，此处样例选择为企业版。

（3）分配防护配额包括随机分配、指定分配和批量分配3种。此处样例为随机分配，即系统优先为主机分发服务剩余时间较长的配额。

7.3.3　查看企业主机检测结果

开启防护后，企业主机安全服务将立即对主机执行全面的检测，检测时间可能较长，需要耐心等待检查结束。

在"主机管理"界面，选择每一个主机所在行的"操作"列中的"更多"选项，在弹出的菜单中选择"查看详情"选项，即可查看指定主机的检测结果，如图7-16所示。

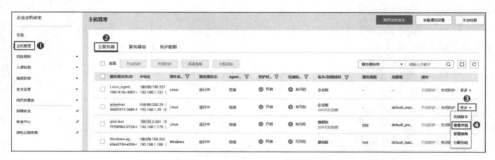

图 7-16　查看主机检测结果

在详情界面，能快速地查看主机中已被检测出的各项信息和风险，如图7-17所示。

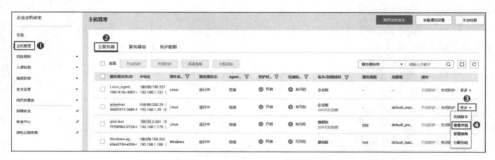

图 7-17　查看主机详细风险信息

7.4　本章小结

　　企业主机安全作为服务器的贴身安全管家盾,是保障弹性云服务器的三大法宝之一。云主机安全是云等级保护合规的关键项,企业主机安全服务提供的入侵检测功能,能协助各企业保护企业云服务器账户、系统的安全。依托华为云平台,学生通过防护配额的购买、云主机客户端的安装、告警通知的设置、云主机防护的开启/关闭等操作配置,掌握企业主机安全相关知识,从而了解学生方便管理主机安全风险,培养和提升学生主动发现风险、解决问题的能力以及网络安全素养。本章主要内容如下所述。

　　通过完成企业主机安全配置任务,掌握华为云平台企业主机安全的使用流程,包括购买防护配额、安装云主机客户端、设置告警通知、开启云主机防护、查看检测结果,从而实现降低云主机被攻击概率,提升云主机安全在其他场景的高效应用。

　　购买防护配额包括购买主机安全、购买防护配额、防护配额设置和防护配额订单确认。

　　安装云主机客户端包括选择使用安装命令在线安装客户端、粘贴复制安装命令和远程登录华为云主机。

　　设置告警通知包括选择告警通知、创建主题和添加订阅。

　　开启防护包括选择主机防护、设置主机防护和开启主机防护。

　　查看检测结果包括查看主机检测结果和查看主机详细风险信息。

习题

　　1. 企业主机安全服务中的双因子认证是指什么?
　　2. 企业主机安全服务的组成部件有哪些?
　　3. 简述企业主机安全服务中主机 Agent 的作用。
　　4. 告警设置中都有哪些告警信息可以设置?

第8章 云速建站服务

随着 Internet 的普及,大多数用户通过搜索引擎寻找产品或服务,因此越来越多的中小企业及个人意识到搭建网站、小程序等途径进行产品和服务的宣传、推广以及销售的重要性。如何低门槛快速搭建自己的网站成了众多中小企业和个人关心的重点。华为云云速建站是针对中小企业及个人开发的拖曳式快速搭建网站服务,实现产品的推广及营销。使用传统方式搭建网站,具有高投入、长周期、难维护、不灵活的缺点;而使用云速建站搭建网站具有门槛低、成本低、周期短、维护简单、能够灵活把控的优势。

通过本章,您将学会:

(1) 云速建站基本流程;

(2) 开通网站并设置域名;

(3) 设置网站前台操作;

(4) 设置网站后台操作。

云速建站服务(Cloud Site-building Service)是一款帮助搭建网站的华为云服务,提供 PC、手机、微信网站、小程序、App 五站合一的模板建站产品,无需代码,可自由拖曳,快速生成中小企业网站及网店、微信网店等。云速建站约有 60 多种营销工具,适用于贸易类企业的 B2C 交易类型网站和跨境官网电商等。云速建站是自服务网站,需要自己编辑和设计,并负责网站展示内容和效果。

云速建站当前版本有入门版、标准版、营销版和企业版四种业务网站配置。

(1) 入门版本:有 PC 站和四合一站两种。其中,PC 站版本类型仅支持 PC 站,不支持手机站、微信公众号、小程序和 App,没有交易功能;在支持 PC 站的基础上,四合一站版本还支持手机站、微信公众号和小程序,但是不支持 App。该版本主要用于展示信息,没有交易功能。

(2) 标准版:支持 PC 站、手机站、微信公众号和小程序,不支持 App,包含入门版的所有功能,支持交易功能,没有营销功能。适合网站产品较少的场景,比如工作室。

(3) 营销版:支持 PC 站、手机站、微信公众号、小程序和 App,包含标准版的所有功能,完善了产品管理功能,增加营销工具、短信微信通知和小程序发布功能。适合商城类网站、教育类网站、旅游类网站等。

（4）企业版：支持 PC 站、手机站、微信公众号、小程序和 App，包含营销版的所有功能，具有独立的带宽和 IP 地址，可以配合 CDN 服务一起使用。

要实现云速建站服务网站的快速构建，需要的云服务组件有云速建站站点 1 个、域名 1 个、与站点相对应的模板 1 个。本章以营销版网站配置为例，介绍如何通过云速建站服务快速创建一个网站。

8.1 建站流程

云速建站流程如下所述。

8.1.1 开通网站

1. 购买站点

在制作网站前，需要先购买网站站点，并为此站点购买精美模板（可选）、安装模板，构造出一个网站的框架。前期准备工作是已注册华为云账号，并完成实名制认证。

购买站点的主要目的是给待建网站配置相应的云空间和网络流量：云存储空间用于存放待制作网站上传的图片和文章，网络流量用于控制网站能承受多少客户访问。其操作步骤如下所述。

（1）定位云速建站。登录华为云平台成功后，单击"控制台"按钮，进入总控制台。选择"服务列表"→"域名与网站"→"云速建站"选项，如图 8-1 所示，进入云速建站控制台。

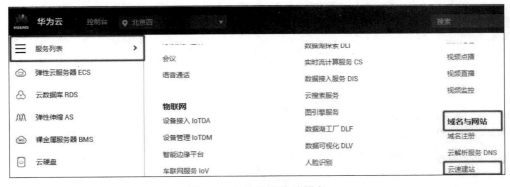

图 8-1　定位云速建站服务

（2）购买云速建站。在图 8-2 所示的"云速建站"控制台界面，单击界面右上角的"购买云速建站"按钮，进入"购买云速建站"界面，如图 8-3 所示。

（3）配置云速建站。在图 8-3 所示界面选择区域和版本信息。此处区域样例取值为"华北-北京四"，版本选择为"营销版"。图 8-4 所示为云速建站的规格、购买时长设置，并设置站点名称，最后选中"我已经阅读并同意《云速建站服务声明》"，单击"提交订单"按钮即可完成云速建站的购买，如图 8-5 所示。需要说明的是站点创建完成后，站点名称无法修改，且不能与其他区域的站点名称相同。

图 8-2　购买云速建站

图 8-3　云速建站区域、版本

图 8-4　云速建站规格、站点名称、购买时长

图 8-5　提交云速建站订单

（4）确认建站配置。在单击"提交订单"按钮后，用户核对费用，进入到订单确认界面，确认无误后完成支付。完成购买后即可开通服务。用户可在费用中心我的订单中查看购买信息。

2. 购买模板

网站模板是由专业设计师设计的网页呈现效果，网站模板的应用可以大大减少用户对于网站样式的设计和开发所需的时间和成本。

（1）购买模板。登录华为云控制台，在"云速建站"控制台界面，选择购买站点时创建的站点，单击"购买模板"按钮，如图 8-6 所示。

图 8-6 购买模板

（2）模板筛选。根据行业、色系、站点、功能筛选出合适的模板，如图 8-7 所示，记录待购买模板的编号，并在待购买的模板右下角单击"立即购买"按钮，进入订单确认界面，确认无误后完成支付。需要说明的是，已购买的模板需要在"站点编辑"标签中安装后，才能在网站中显示。

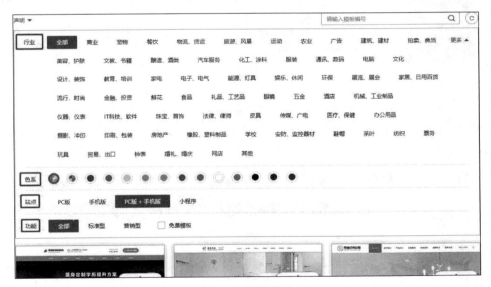

图 8-7 模板筛选

3．安装模板

（1）进入后台管理。用户购买模板后需要在待建网站的后台管理中安装模板才能够使模板生效，以及在查看网站界面时才能够看到模板的呈现效果。在"云速建站"控制台界面，选择购买站点时创建的站点，单击"后台管理"按钮，如图 8-8 所示。

（2）编辑站点。用户进入"云速建站"控制台，进入待建站点的"建站管理后台"界面，如图 8-9 所示。单击界面右侧的"站点编辑"按钮，进入站点编辑界面。

图 8-8　站点后台管理

图 8-9　站点编辑

（3）安装模板。在"建站管理后台"界面，选择"模板"按钮，弹出"PC 模板"对话框。在"模板编号"文本输入框中输入购买模板时记录的模板编号，单击"搜索"按钮。在搜索出的模板右下角单击"安装"按钮即可安装模板，如图 8-10 所示。

图 8-10　"PC 模板"对话框

（4）确认安装。在弹出的如图 8-11 所示的"安装模板"对话框中，单击"确定"按钮，弹出确认安装此模板对话框，然后单击"确定"按钮即可。模板安装成功后，弹出模板安装成功界面。

图 8-11 "安装模板"对话框

8.1.2 配置域名

域名是为了方便用户记忆而建立的一套地址转换系统，要访问一台 Internet 上的服务器，必须通过 IP 地址来实现。域名解析就是将域名重新转换为 IP 地址的过程。网站框架构建完成后，需要为网站绑定一个域名，此域名为第三方访问网站的入口。本节以 cloudsite.com 为第三方购买的域名，通过手动操作解析域名和绑定域名的过程来介绍如何进行云速建站的域名配置。前提条件是已从第三方购买域名，并已在华为云备案中心备案此域名。

1. 获取 CNAME 解析值

在"云速建站"控制台界面，查看待解析站点，获取并记录 CNAME 解析值，如图 8-12 所示。

图 8-12 获取 CNAME 解析值

2. 创建公网域名

在图 8-12 所示界面的左侧导航栏中单击"域名解析"链接，进入云解析控制台，如图 8-13 所示。云解析（Domain Name Service）提供高可用、高扩展的权威 DNS 服务和 DNS 管理服务，把人们常用的域名或应用资源转换成计算机用于连接的 IP 地址，从而将最终用户路由到相应的应用资源上。在云解析控制台，选择"域名解析"→"公网解析"菜单，如图 8-13 所示。最后，单击界面右上角的"创建公网域名"按钮，创建一个公网域名，如图 8-14 所示。

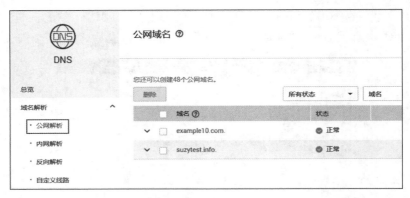

图 8-13　云解析控制台

图 8-14　单击"创建公网域名"按钮

在弹出的"创建公网域名"对话框中,输入已准备的域名,单击"确定"按钮即可,如图 8-15 所示。

图 8-15　创建公网域名

在创建好公网域名后,单击所创建的域名名称的链接,弹出"解析记录"对话框,如图 8-16 所示,单击该对话框右上角的"添加记录集"按钮,弹出"添加记录集"对话框。在对话框中输入如下信息。

（1）主机记录：填写"＊"。

（2）类型：选择"CNAME-将域名指向另外一个域名"。

（3）值：填写第 1 步所获取到的 CNAME 解析值。

图 8-16 "添加记录集"对话框

填写完成后,单击"确定"按钮,系统即为 ＊. cloudsite. com 添加了一条 CNAME 类型的记录,如图 8-17 所示。

	域名 ⇕	状态	类型 ⇕	线路类型	TTL(秒)	值	权重	操作
∨	cloudsite.com.	✓ 正常	NS	全网默认	172,800	ns1.hwclouds-dns.net. ns1.hwclouds-dns.com.	—	修改 暂停 删除
∨	cloudsite.com.	✓ 正常	SOA	全网默认	300	ns1.hwclouds-dns.com. h.		修改 暂停 删除
∨	*.cloudsite.com.	✓ 正常	CNAME	全网默认	300		1	修改 暂停 删除

您还可以添加490个记录集。

图 8-17 解析记录

在华为云解析时,第三方购买的域名需要更改域名的 DNS 服务器。在创建公网域名后,系统默认生成的 NS 类型记录集的值即为云解析服务的 DNS 服务器地址。若域名的 DNS 服务器设置与 NS 记录集的值不符,则域名无法正常解析,需要用户到域名注册商处将域名的 DNS 服务器修改为华为云云解析服务的 DNS 服务器地址。

图 8-18 进入后台管理

3. 绑定域名

为网站绑定域名,以便客户通过方便记忆的域名访问网站。在"云速建站"控制台界面,单击 "后台管理"按钮,进入后台管理界面,如图 8-19 所示。

图 8-19 "建站管理后台"界面

在图 8-19 所示"建站管理后台"界面,单击界面右侧的"绑定域名"按钮,弹出绑定域名对话框,如图 8-20 所示。

图 8-20 绑定域名

在图 8-20 所示的对话框中,输入希望第三方访问网站的具体域名,如 www. cloudsite. com(不支持 * . cloudsite. com),单击"确定"按钮。当界面显示"添加成功"时,表示网站已经成功绑定域名,如图 8-21 所示。

图 8-21　域名绑定成功

8.1.3　设置网站后台

在网站成功开通后,需要为网站增加内容,例如商品信息、支付方式等,本节主要介绍录入商品信息、设置配送方式和对接微信、支付宝等支付方式的网站后台的简要操作。

1. 后台品类设置

(1) 登录后台管理。在"云速建站"控制台界面,单击"后台管理"按钮,进入"后台管理"界面,如图 8-22 所示。

图 8-22　"后台管理"界面

(2) 添加产品分类。在站点"后台管理"界面,选择"产品"→"管理分类"选项,删除网站自带的分类信息后,单击"保存更改"按钮。再单击"添加一级分类"按钮,在弹出的对话框中输入分类名称,单击"保存"按钮,如图 8-23 所示。

(3) 添加产品。在"后台管理"界面,选择 "产品"→"产品管理"菜单,删除网站自带的产品信息。然后,选择"添加产品"菜单,在弹出的界面内添加产品信息,如图 8-24 所示。

产品添加完成后,选择"产品"→"产品管理"选项,在右侧界面查看已增加的产品,并对产品进行排序,如图 8-25 所示。

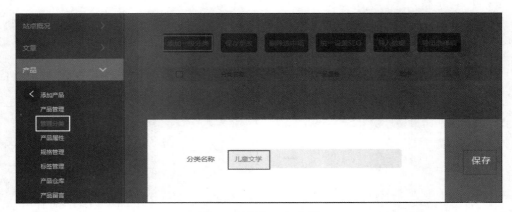

图 8-23　添加一级分类

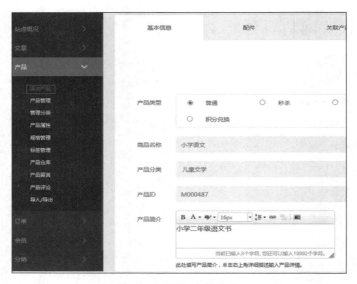

图 8-24　添加产品信息

图 8-25　查看已增加的产品

2．物流配送设置

（1）设置配送方式。

① 开启电子交易。在"电子商务设置"菜单下单击"交易设置"子菜单链接，开启"交易开关"选项，设置交易币种，单击"保存"按钮，如图 8-26 所示。交易设置中其他参数的设置，可参考交易设置在线帮助文档。

图 8-26　交易设置

② 设置物流公司。选择"电子商务设置"→"物流公司"菜单选项，在界面右侧中单击"添加物流公司"按钮，如图 8-27 所示，弹出设置物流公司对话框，如图 8-28 所示。

在 8-28 所示界面的对话框中，设置物流公司名称、申请网址和显示顺序，单击"确定"按钮，完成物流公司的添加操作，如图 8-28 所示。

③ 设置配送方式。选择"电子商务设置"→"配送设置"菜单选项，在右侧界面中单击"添加配送方式"按钮，如图 8-29 所示，弹出设置配送方式对话框，如图 8-30 所示。

在图 8-30 所示对话框中，配送方式以顺丰公司为例，可以设置首重基础运费及续重运费，并可以设置包邮活动等，最后选中"开启"单选按钮表明支持该快递公司邮寄。如果用户需要设置不同地区的快递费用，请参见添加不同省份不同物流费用的配送方式的在线帮助文档。在设置完成之后，单击"确定"按钮，完成配送设置。

（2）设置发货地址。选择"电子商务设置"→"发货地址"选项，在界面的右侧单击"添加发货地址"按钮，如图 8-31 所示，弹出设置"添加发货地址"对话框，按照实际情况填写发货地址，单击"确定"按钮完成发货地址的添加操作。

图 8-27　添加物流公司

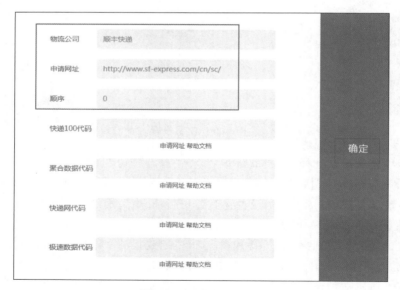

图 8-28　设置物流信息

（3）对接支付系统。云速建站支持多种支付方式，有京东支付、手机支付宝-境外币种支付、手机银联支付、手机快钱支付、支付宝-境外币种支付、微信扫码支付、支付宝-网银支付、手机支付宝、微信支付、货到付款、Paypal、支付宝、快钱、财付通、网银在线、银联在线等支付方式。

图 8-29 配送设置

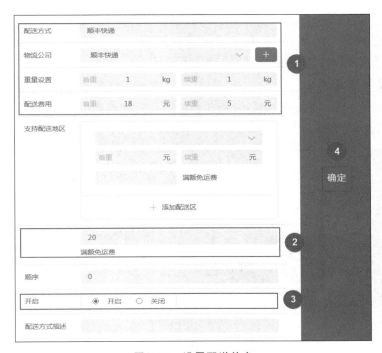

图 8-30 设置配送信息

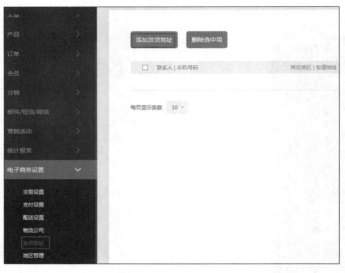

图 8-31　添加发货地址

8.1.4　设置网站前台

在网站后台数据录入完成后,需要为网站设置便于客户浏览和操作的前台显示界面。本节主要通过已安装的网站模板介绍 PC 版、手机版网页的制作,以及网站数据的备份。其前提条件是已完成网站后台的设置,并且成功绑定域名。

1. PC 版网页制作

(1) 进入站点编辑。在"建站管理后台"界面,选择"站点概况"菜单,在右侧的弹出的界面中单击"站点编辑"按钮即可开始编辑站点,如图 8-32 所示。

图 8-32　站点编辑

(2) 网站基本设置。网站基本设置主要设置地址栏网站的名称、网站地址栏图标和网站宽度。单击如图 8-33 所示界面中的左侧导航栏的"设置"按钮,在弹出的菜单中选择"网站设置"选项,弹出"网站设置"对话框,如图 8-34 所示。

图 8-33　"网站设置"选项

在图 8-34 所示的对话框中,输入地址栏网站的站点名称、上传地址栏图标和设置网站宽度,单击"保存"按钮保存配置。网站设置的其他参数设置保持默认即可,也可根据需要自行设置。站点设置完成后,对应网站的效果如图 8-35 所示。

（3）设置网站底版。底版内容是指在每个界面都会出现的内容,比如网站 Logo、导航栏等。在其他界面可直接使用底版内容,无须重新制作,大大节省了网站制作时间。底版界面本质上和其他的界面没有区别,唯一的不同是在用途上,它为用户减少了重复的数据和布局,特别是布局上的。可以先将一些重复的布局和数据放在底版上,然后引用这个底版页,其他界面也会有相同的效果。

① 进入底版管理。在"建站管理后台"界面,选择顶端下拉列表中的"首页"选项,如图 8-36 所示。

图 8-34　设置网站信息

图 8-35　站点地址栏图标和站点名称

切换至"底版管理"标签,在下拉列表中选择"底版管理"→home 选项,如图 8-37 所示。

② 设置底版内容。比如网站名称、页脚等信息,如图 8-38 所示为修改前的底版内容,图 8-39 所示为修改后的底版内容。修改完成后,按 Ctrl＋S 快捷键,保存界面的修改。

图 8-36 首页

图 8-37 "底版管理"标签

图 8-38 修改前的底版内容

（4）设置导航栏。

① 进入导航栏设置。在"建站管理后台"界面，如图 8-40 所示，选择顶端下拉列表中的"首页"选项进入界面管理界面，如图 8-41 所示。

② 在图 8-41 所示界面中，单击"页面管理"标签，查看导航栏信息，可以通过导航右侧小工具栏进行添加、删除和修改导航信息的操作，在此删除不需要的信息。最后按 Ctrl＋S 快捷键，保存界面的修改。

图 8-39 修改后的底版内容

图 8-40 首页界面

图 8-41 编辑导航栏信息

（5）编辑界面内容。在此以替换"首页"界面中的图片为例来说明如何设置界面内容。界面中灰色部分为底版中的内容，需要在底版中编辑。

① 选择待编辑的页。单击"页面管理"，选择需要编辑的界面。在此选择"首页"，如图 8-42 所示。

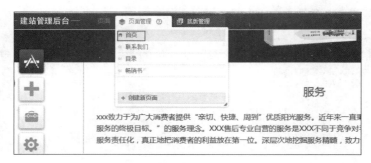

图 8-42 选择需要编辑的界面

② 选中待替换图片。单击待编辑的图片，在图片上方的工具栏中选择"属性"按钮，如图 8-43 所示。

图 8-43 选择"属性"按钮

③ 选择更换图片。单击"属性"按钮之后，在弹出的"图片设置"对话框中，单击"更换图片"按钮，如图 8-44 所示。

④ 完成图片替换。在弹出的"选择图片"对话框中，选择替换的图片，单击"上传文件"按钮实现图片文件的上传，图片上传成功后，单击"选择使用"按钮完成图片的替换操作，如图 8-45 所示。

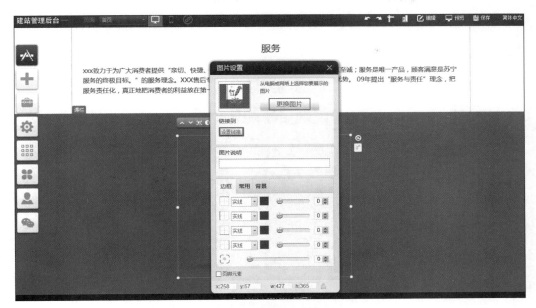

图 8-44 "图片设置"对话框

图 8-45 选择替换图片

图片替换完成之后,可以单击刚刚替换的图片,在图片上方的小工具栏中选择"缩放模式"按钮,可以调整图片的大小,如图 8-46 所示。界面编辑完成后,按 Ctrl+S 快捷键,保存界面的编辑和修改。

(6)设计产品详情界面。本节以设计展示网站后台中添加的产品界面为例,介绍如何新建和设计页面。

① 创建新界面。选择"页面管理"标签,单击下拉列表中的"创建新页面"菜单项以创建产品详情页模板。此界面用来放置和展示在录入产品数据时添加的详细信息。在弹出的

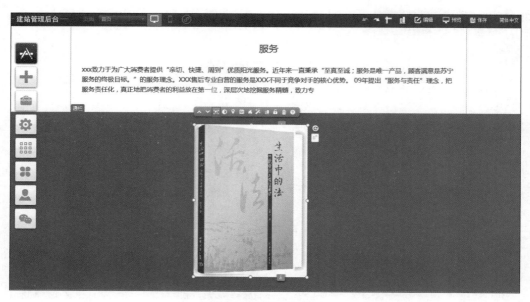

图 8-46　调整图片尺寸

"创建新页面"对话框中设置页面名称、页面地址、选择底版和导航显示等选项，最后单击"保存"按钮，如图 8-47 所示。

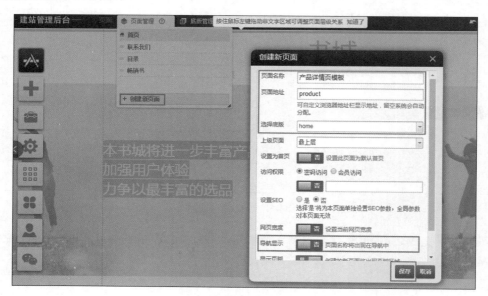

图 8-47　创建产品详情页模板

② 添加界面插件。单击左侧导航栏中的"插件"按钮，如图 8-48 所示，弹出"我的插件"对话框。用鼠标拖曳"产品"到刚创建的界面中，弹出"选择产品类型"对话框，在该对话框

中,选择"产品详情"选项,单击"确定"按钮,完成界面插件的添加操作,如图 8-48 所示。

图 8-48　添加界面插件

③ 插件样式设置。选中刚刚插入的界面插件,单击上侧小工具栏中的"样式设置"按钮,如图 8-49 所示,根据实际需要选择相应的样式,并将产品详情模块拖动到适合的尺寸,如图 8-49 所示。样式设置的详细参数说明,可参考云速建站样式设置在线帮助文档。最后,按 Ctrl+S 快捷键,保存界面的修改。

图 8-49　设置样式

（7）设计产品列表界面。

① 创建产品列表新界面。选择"页面管理"→"创建新页面"菜单，在弹出的"创建新页面"对话框中设置"页面名称""页面地址""选择底版"和"导航显示"选项，最后单击"保存"按钮，如图 8-50 所示。

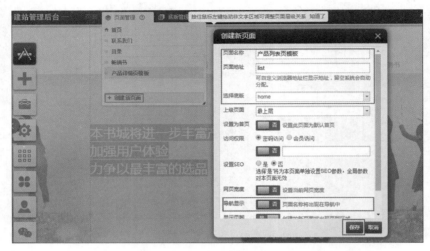

图 8-50　创建产品列表页模板

② 添加界面插件。单击界面左侧导航栏中的"插件"按钮，弹出"我的插件"对话框。拖曳"产品"到界面中，在弹出的"选择产品类型"对话框中选择"产品列表"选项，单击"确定"按钮，如图 8-51 所示。

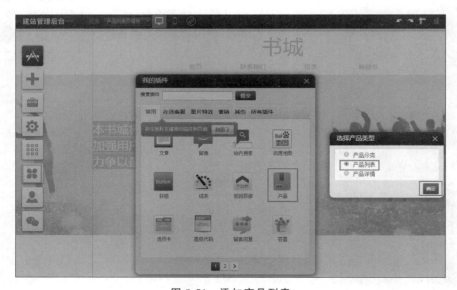

图 8-51　添加产品列表

③ 插件样式设置。单击"样式设置"按钮,弹出"样式设置"对话框。选择"参数设置"按钮展开参数设置界面,单击"链接设置"标签,设置"详情链接指向"到上述第(6)步创建的"产品详情页模板",设置"'更多'指向"和"分类链接指向"到本步中创建的"产品列表页模板",最后单击"确定"按钮完成样式设置,如图 8-52 所示。在列表页模板界面上,按 Ctrl+S 快捷键,保存界面的修改。

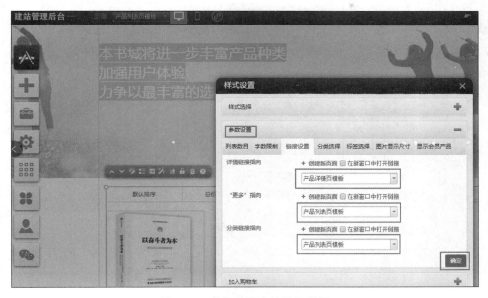

图 8-52 参数设置中的链接设置

(8) 设计展示产品页。

① 界面属性设置。在"页面管理"标签下,选择待添加产品的界面所在行,此处以"畅销书"所在行为例,单击"畅销书"右侧小工具栏中的"属性"按钮,如图 8-53 所示。

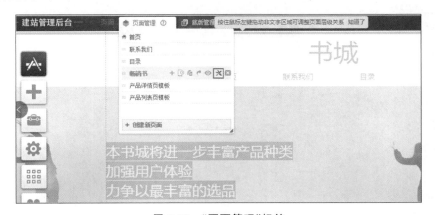

图 8-53 "页面管理"标签

　　② 在弹出的"页面属性"对话框中，单击"设置链接"按钮，弹出"链接到"对话框。在"产品列表"标签，将"产品列表页"选择为第（7）步中创建的"产品列表页模板"，单击"选择"按钮，弹出"选择"对话框，根据实际情况选择所需产品分类，依次单击对话框中的"确定"按钮关闭对话框，最后，单击"保存"按钮保存页面属性设置，如图 8-54 所示。

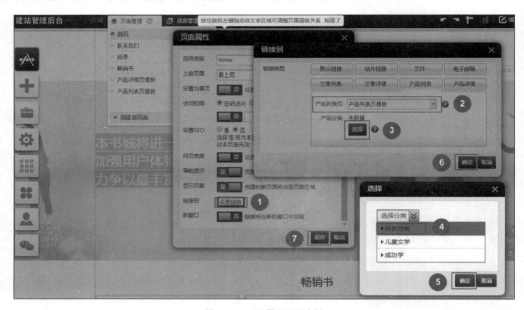

图 8-54　设置页面链接

　　（9）设置站内搜索插件。设置站内搜索插件主要用于实现网站搜索功能。

　　① 进入在待增加搜索插件的界面。单击界面左侧导航栏的"插件"按钮，弹出"我的插件"对话框，如图 8-55 所示。

图 8-55　"我的插件"对话框

② 插入搜索框。拖曳"站内搜索"插件到界面,弹出"选择站内搜索类型"对话框。在该对话框内选择"搜索框"选项,单击"确定"按钮,如图 8-56 所示。

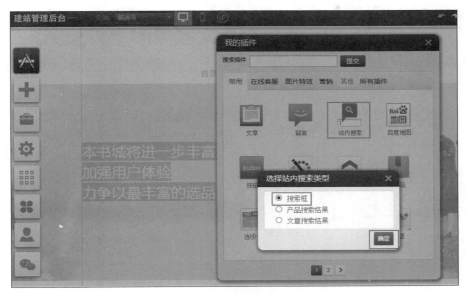

图 8-56 插入搜索插件

③ 设置搜索框样式。选中搜索框插件,在上面的小工具栏中单击"样式"按钮,弹出"样式"对话框,设置搜索插件的样式,如图 8-57 所示。最后按 Ctrl+S 快捷键,保存界面的修改。

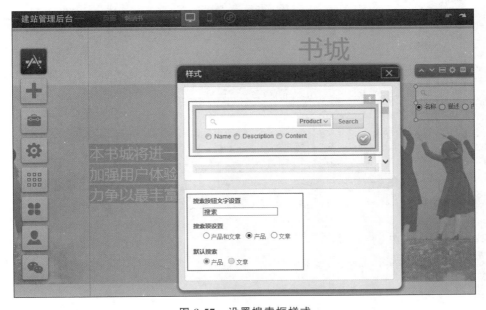

图 8-57 设置搜索框样式

（10）增加购物车模块。

① 添加购物车模块。单击界面左侧导航栏中的"添加"按钮，在弹出的工具条中单击"购物车"按钮，按下鼠标拖曳购物车模块到界面，如图8-58所示。

图 8-58　添加购物车模块

② 设置购物车样式。选中购物车模块，在上方的小工具条中单击"购物车样式设置"按钮，弹出"购物车样式设置"对话框，在该对话框中选择购物车样式，然后单击对话框的"关闭"按钮关闭对话框，如图8-59所示。最后按Ctrl＋S快捷键，保存界面的修改。

图 8-59　购物车样式设置

2. 手机版网页制作

制作手机版网站可以通过PC版生成，但可能存在部分插件不兼容。因此，建议手动修改相关插件。

（1）一键转换手机版。在PC版网站制作完成后，双击界面的"一键生成手机版" 按钮,在弹出的对话框中,单击"生成"按钮,能够实现一键生成手机版网站,如图 8-60 所示。转换成功后,单击"保存"按钮即可。

图 8-60 "一键生成手机版"按钮

(2)验证网站。在浏览器地址栏输入配置域名中绑定的域名,查看 PC 版网站和手机版网站详细信息。确认网站内容无误后,可以将域名地址提供给客户,通过域名地址直接访问创建的网站。

3. 备份网站数据

为了更好地保存网站制作过程中的进度,建议用户经常备份网站数据,以便发生误操作需要回退网站数据时,可以回退到备份的时间点。

(1)备份网站数据库。

① 进入数据库备份。在如图 8-61 所示的"建站管理后台"界面,选择左侧导航栏中的"设置"按钮,在弹出的菜单中,单击"数据库备份"按钮,弹出"数据库备份"对话框,如图 8-62 所示。

图 8-61 "数据库备份"按钮

② 创建数据库备份。在图 8-62 所示的对话框中,单击"创建数据库备份"按钮,弹出确认备份对话框,如图 8-63 所示,单击"确定"按钮,开始备份数据库数据。在备份成功后,弹出"操作成功"对话框,如图 8-64 所示,单击"确定"按钮完成数据库备份。

(2)恢复网站数据库。数据库备份成功后,在"数据库备份"对话框中显示一条备份记录,可以单击备份记录所在行的"恢复"按钮,将网站恢复为备份的数据,如图 8-65 所示。

图 8-62　创建数据库备份

图 8-63　确认备份对话框

图 8-64　"操作成功"对话框

图 8-65　备份记录

8.2　本章小结

　　本章通过创建"营销类"网站为例,讲解了购买站点、域名设置、网站后台设置和前台设计等云速建站服务网站的快速创建过程,期待读者能够熟悉云速建站基本流程以及学会使用云速建站方法进行网站的搭建,并掌握如何开通网站、设置域名以及设置网站前台和后台等操作。

习题

　　1. 请参阅本章示例,完成一个教育类行业站点的建设。
　　2. 请参阅本章示例,完成一个课程类网站的设计与建设。

第9章 AI开发ModelArts入门

AI要规模化地走进各行各业,必须降低 AI 模型开发难度和门槛。当前仅有少数算法工程师和研究员掌握 AI 的开发和调优能力,并且大多数算法工程师仅掌握算法原型开发能力,缺少相关的原型到真正产品化、工程化的能力。而对于大多数业务开发者来说,更是不具备 AI 算法的开发和参数调优能力。为了解决上述问题,华为云推出了面向 AI 开发者的全栈 AI 开发平台:ModelArts。ModelArts 可以通过机器学习的方式帮助不具备算法开发能力的业务开发者实现算法的开发,基于迁移学习、自动神经网络架构搜索实现模型自动生成,通过算法实现模型训练的参数自动化选择和模型自动调优的自动学习功能,让零 AI 基础的业务开发者可快速完成模型的训练和部署。依据开发者提供的标注数据及选择的场景,无须开发任何代码,可自动生成满足用户精度要求的模型。此模型支持图片分类、物体检测、预测分析、声音分类等应用场景。

通过本章,您将学到:

(1) 获取访问密钥并完成 ModelArts 全局配置;

(2) 对象存储服务 OBS 的应用;

(3) ModelArts 基础知识;

(4) 数据准备、标注和模型训练;

(5) ModelArts 模型部署上线。

当前 AI(Artificial Intelligence,人工智能)产业正在如火如荼的发展,为降低 AI 开发门槛、助力企业 AI 产业化应用,华为云推出面向 AI 开发者的全栈 AI 开发平台:ModelArts。ModelArts 支持海量数据预处理、大规模分布式训练、自动化模型生成,并具备端—边—云模型按需部署能力,可帮助用户快速创建和部署模型、管理全周期 AI 工作流,是一个让用户用得起、用得快、用得放心的一站式 AI 平台。

众多的 AI 工具安装配置和数据准备,以及模型训练慢等是困扰 AI 工程师的诸多难题。为解决这个难题,华为云将一站式的 AI 开发平台(ModelArts)提供给开发者。其从数据准备到算法开发、模型训练,最后把模型部署起来,集成到生产环境,一站式完成所有任务。

云宝是华为云的吉祥物。本章以 ModelArts 市场中预置的云宝图像数据集,通过 ModelArts 自动学习功能来自动训练并生成物体检测模型,最终构建云宝图像识别应用在线服务为案例,介绍 ModelArts 开发平台的基础知识和其自动学习功能的应用,带领读者通过实际操作体验华为云一站式开发 AI 项目的过程。

9.1 ModelArts 概述

9.1.1 ModelArts 开发平台

ModelArts 的理念就是让 AI 开发变得简单、方便。面向不同经验的 AI 开发者,提供相对应的、便捷易用的使用流程。例如,面向业务开发者,不需关注模型或编码,就可使用自动学习流程快速构建 AI 应用;面向 AI 初学者,不需关注模型开发,就可使用预置算法构建 AI 应用;面向 AI 工程师,可提供多种开发环境,多种操作流程和模式,方便开发者编码扩展,快速构建模型及应用。

ModelArts 是面向 AI 开发者的一站式开发平台,提供海量数据预处理及半自动化标注、大规模分布式训练、自动化模型生成及端—边—云模型按需部署能力,帮助用户快速创建和部署模型,管理全周期 AI 工作流。

"一站式"是指 AI 开发的各个环节,包括数据处理、算法开发、模型训练、模型部署都可以在 ModelArts 上完成。从技术上看,ModelArts 底层支持各种异构计算资源,开发者可以根据需要灵活选择使用,而不需要关心底层的技术。同时,ModelArts 支持 TensorFlow、MXNet 等主流开源的 AI 开发框架,也支持开发者使用自研的算法框架,以匹配自身的使用习惯。

9.1.2 ModelArts 的功能架构

ModelArts 是一个一站式的开发平台,能够支撑开发者从数据到 AI 应用的全流程开发过程,包含数据处理、模型训练、模型管理、模型部署等操作,并且提供 AI Gallery 功能,能够在市场内与其他开发者分享模型。

ModelArts 支持图像分类、物体检测、视频分析、语音识别、产品推荐和异常检测等多种 AI 应用场景。

如图 9-1 所示为 ModelArts 的功能架构示意,各个部分的特色功能如下所述。

(1) 数据:表示待处理的数据集。

(2) 数据处理:支持数据筛选、标注等数据处理,提供数据集版本管理,特别是深度学习的大数据集,让训练结果可重现。

(3) 模型训练:支持极"快"致"简"模型训练,采用华为自研的 MoXing 深度学习框架,使其更高效、更易用,大大提升训练速度。

(4) 模型管理:支持多种自动学习能力,通过"自动学习"训练模型,用户无须编写代码即可完成自动建模、一键部署。

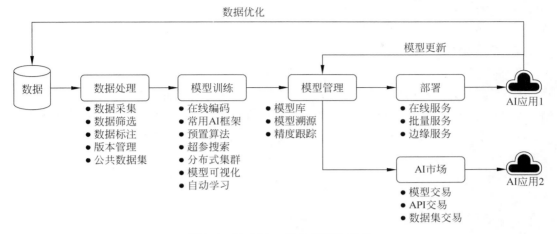

图 9-1　ModelArts 的功能架构示意

（5）部署：在云边端多场景下，支持模型部署到多种生产环境，既可部署为云端在线推理和批量推理，也可以直接部署到端和边。

（6）AI 市场：预置常用算法和常用数据集，支持模型在企业内部共享或者公开共享。

9.2　AI 开发的目的和基本流程

9.2.1　AI 开发的目的

AI 是通过机器模拟人类认识能力的一种科技能力。其核心的能力就是根据给定的输入作出判断或预测。AI 开发的目的如下所述。

（1）将隐藏在一大批数据背后的信息集中处理并进行提炼，从而总结得到研究对象的内在规律。

（2）对数据进行分析。AI 一般通过使用适当的统计、机器学习和深度学习等方法，对收集的大量数据进行计算、分析、汇总和整理，以求最大化地开发数据价值，发挥数据作用。

9.2.2　AI 开发的基本流程

AI 开发的基本流程通常可以归纳为确定目的、准备数据、训练模型、评估模型和部署模型 5 个步骤，如图 9-2 所示。

图 9-2　AI 开发的基本流程示意

1. 确定目的

在开始 AI 开发之前，必须明确要分析什么？要解决什么问题？商业目的是什么？基于商业的理解,整理 AI 开发框架和思路。例如,图像分类和物体检测等。不同的项目对数据的要求,使用的 AI 开发手段也是不一样的。

2. 准备数据

准备数据主要是指收集和预处理数据的过程。

按照确定的分析目的,有目的性地收集、整合相关数据,准备数据是 AI 开发的一个基础。此时最重要的是保证获取数据的真实性和可靠性。由于 AI 不能一次性地将所有数据都采集全,因此,在数据标注阶段,用户会发现还缺少某一部分数据源,这就需要用户对数据进行反复调整、优化。

3. 训练模型

训练模型俗称"建模",是指通过分析手段、方法和技巧对准备好的数据进行探索分析,从中发现因果关系、内部联系和业务规律,为商业目的提供决策参考。训练模型的结果通常是一个或多个机器学习或深度学习模型,模型可以应用到新的数据中,得到预测、评价等结果。业界主流的 AI 引擎有 TensorFlow、Spark_MLlib、MXNet、Caffe、PyTorch、XGBoost-Sklearn、MindSpore 等,大量的开发者基于主流 AI 引擎,开发并训练其业务所需的模型。

4. 评估模型

训练得到模型之后,整个开发过程还不算结束,需要对模型进行评估和考查。往往不能一次性获得一个满意的模型,需要反复地调整算法参数、数据,不断评估训练生成的模型。一些常用的指标,如准确率、召回率、AUC(Area Under the Curve of ROC,曲线下面积)等,能帮助用户有效地进行评估,最终获得一个满意的模型。

5. 部署模型

模型的开发训练,是基于之前的已有数据(有可能是测试数据),而在得到一个满意的模型之后,需要将其应用到正式的实际数据或新产生的数据中,进行预测、评价或以可视化和报表的形式把数据中的高价值信息以精辟易懂的形式提供给决策人员,帮助其制定更加正确的商业策略。

9.3 对象存储服务

在使用 ModelArts 训练作业、模型管理以及 Notebook 时,需要使用华为云的对象存储服务(Object Storage Service,OBS)存放数据。在此简单介绍一下华为云的对象存储服务。

9.3.1 对象存储服务概念

对象存储服务是一个基于对象的海量存储服务,为客户提供海量、安全、高可靠、低成本的数据存储能力。

OBS 系统和单个桶都没有总数据容量和对象/文件数量的限制,为用户提供了超大存储容量的能力,适合存放任意类型的文件,以及适合普通用户、网站、企业和开发者使用。

OBS 是一项面向 Internet 访问的服务,提供了基于 HTTP/HTTPS 的 Web 服务接口,用户可以随时随地连接到 Internet 的计算机上,通过 OBS 管理控制台或各种 OBS 工具访问和管理存储在 OBS 中的数据。此外,OBS 支持 SDK 和 OBS API,可使用户方便管理自己存储在 OBS 上的数据,以及开发多种类型的上层业务应用。

9.3.2 对象存储服务架构

OBS 的基本组成是桶和对象,如图 9-3 所示。

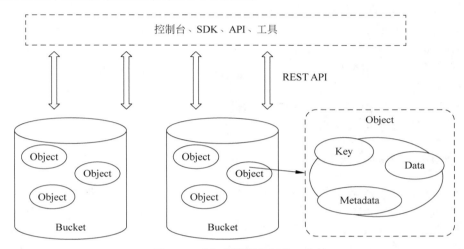

图 9-3 对象存储服务架构示意

1. 桶

桶(Bucket)是 OBS 中存储对象的容器,每个桶都有自己的存储类别、访问权限和所属区域等属性,用户在 Internet 上通过桶的访问域名来定位桶。桶中的所有对象都处于同一逻辑层级,去除了文件系统中的多层级树形目录结构。

OBS 设置有四类桶存储类别,分别为标准存储、低频访问存储、归档存储和深度归档存储(受限公测中),从而满足客户业务对存储性能和成本的不同诉求。用户在创建桶时,不仅可以指定桶的存储类别,还可以对桶的存储类别进行修改。

在 OBS 中,桶名必须是全局唯一的且不能修改,即用户创建的桶不能与自己已创建的其他桶名称相同,也不能与其他用户创建的桶名称相同。桶所属的区域在创建后也不能修改。每个桶在创建时都会生成默认的桶 ACL(Access Control List,访问控制列表),桶 ACL 列表的每项包含了对被授权用户授予什么样的权限,如读取权限、写入权限等。用户只有对桶有相应的权限,才可以对桶进行操作,如创建、删除、显示、设置桶 ACL 等。

2. 对象

对象(Object)是 OBS 中数据存储的基本单位,一个对象实际是一个文件的数据与其相关属性信息的集合体,包括 Key、Metadata 和 Data 三部分。

（1）Key：键值，即对象的名称，为经过 UTF-8 编码的长度大于 0 且不超过 1024 的字符序列。一个桶里的每个对象必须拥有唯一的对象键值。

（2）Metadata：元数据，即对象的描述信息，包括系统元数据和用户元数据。这些元数据以键值对（Key-Value）的形式被上传到 OBS 中。

系统元数据由 OBS 自动产生，在处理对象数据时使用，包括 Date、Content-length、Last-modify 和 Content-MD5 等。

用户元数据由用户在上传对象时指定，是用户自定义的对象描述信息。

（3）Data：数据，即文件的数据内容。

通常，将对象等同于文件进行管理，但是由于 OBS 是一种对象存储服务，并没有文件系统中的文件和文件夹概念。为了使用户方便地进行数据管理，OBS 提供了一种方式模拟文件夹，即在对象的名称中增加"/"。例如，test/123.jpg，test 被模拟成了一个文件夹，123.jpg 则模拟成 test 文件夹下的文件名了，而实际上，对象名称（Key）仍然是 test/123.jpg。

上传对象时，可以指定对象的存储类别，若不指定，则默认与桶的存储类别一致。在上传后，对象的存储类别可以修改。

9.4 ModelArts 入门

在使用自动学习、数据管理、Notebook、训练作业、模型和服务等功能过程中，ModelArts 可能需要访问 OBS、SWR（SoftWare Repository for Container，容器镜像服务）、IEF（Intelligent Edge Fabric，智能边缘网络）等依赖服务，若没有授权 ModelArts 访问用户的 OBS 数据，这些功能将不能正常使用。因此，在使用 ModelArts 进行 AI 模型开发前，需要获取访问密钥并在 ModelArts 管理控制台对 ModelArts 进行访问授权。

9.4.1 ModelArts 访问授权

ModelArts 访问授权支持两种方式：一种是使用委托授权；另一种是使用访问密钥授权。其中，委托授权相对比较简单。本节将简单介绍这两种授权方式。

1. 委托授权

（1）登录 ModelArts 控制台。在管理控制台上方导航栏，单击"服务列表"→"EI 企业智能"→"ModelArts"链接，进入 ModelArts 管理控制台，如图 9-4 所示。

（2）ModelArts 全局配置。在图 9-5 所示的 ModelArts 管理控制台界面，选择左侧导航菜单栏中的"全局配置"选项，进入"全局配置"界面。

（3）访问授权。在"全局配置"界面，单击"访问授权"按钮，弹出如图 9-6 所示的"访问授权"对话框。

在弹出的"访问授权"对话框中，"授权方式"选择"使用委托"，选择需要授权的"用户名"及其对应的"委托"。如果"委托"不存在，可以单击"自动创建"按钮来自动创建一个，然后选中"我已经详细阅读并同意《ModelArts 服务声明》"选项，然后单击"同意授权"按钮完成配置。在全局配置列表中，可查看到某一账号或 IAM 用户的委托配置信息，如图 9-7 所示。

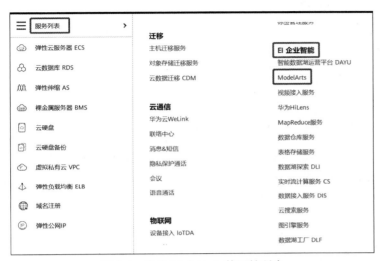

图 9-4 登录 ModelArts 管理控制台

图 9-5 选择"全局配置"选项

图 9-6 "访问授权"对话框

图 9-7 查看委托配置信息

2. 使用访问密钥授权

（1）管理我的凭证。登录华为云，进入"我的凭证"界面，单击"管理访问密钥"标签下方的"新增访问密钥"按钮，如图 9-8 所示。

图 9-8 单击"新增访问密钥"按钮

（2）新增访问密钥。在弹出的"新增访问密钥"对话框中，通过已验证手机号或邮箱进行验证，在文本框中输入对应的验证码，如图 9-9 所示。

图 9-9 "新增访问密钥"对话框

（3）下载密钥文件。单击图 9-9 所示中的"确定"按钮，根据浏览器提示，保存密钥文件到本地。打开名称为 credentials.csv 的文件，即可查看访问密钥（Access Key Id 和 Secret Access Key），如图 9-10 所示。

图 9-10 查看访问密钥文件

（4）添加访问密钥授权。单击"全局配置"界面中的"访问授权"按钮，在弹出"访问授权"的对话框中，选择"使用访问密钥"授权方式标签，填写获取的访问密钥并单击"同意授权"按钮，完成访问密钥的添加，如图 9-11 所示。

需要说明的是，在"使用访问密钥"标签下的"访问密钥（AK）"须输入密钥文件中的 Access Key Id 字段内容；"私有访问密钥（SK）"须输入密钥文件中 Secret Access Key 字段

图 9-11 完成访问密钥的添加

内容,确保所填写的 AK 和 SK 为当前账号所获取的。

9.4.2 创建 OBS 桶和文件夹

桶是 OBS 中存储对象的容器。需要先创建一个桶,然后才能在 OBS 中存储数据,一个云账号在控制台上可创建 100 个桶。为保证数据能正常访问,请务必保证创建的 OBS 桶与 ModelArts 在同一区域。

1. 创建存储桶

在 OBS 管理控制台左侧导航菜单栏中选择"对象存储"选项,在弹出的"对象存储服务"界面右上角单击"创建桶"按钮,如图 9-12 所示。

图 9-12 单击"创建桶"按钮

2. 配置桶信息

单击图 9-12 所示中的"创建桶"按钮后,系统弹出如图 9-13 所示的"创建桶"对话框,在此对话框中可配置存储桶的各项信息。

(1)按图 9-13 所示的示例选择"区域"和"存储类别"选项并输入"桶名称"。在桶创建成功后,不能修改名称,并在创建桶名称时,应按命名规则设置合适的桶名。

图 9-13 "创建桶"对话框

（2）桶策略。可以为桶配置私有、公共读或公共读写策略。此处选择"私有"策略。

（3）默认加密。开启桶默认加密后，上传到桶中的对象都会被加密。当前只有华东-上海一、华东-上海二、非洲-约翰内斯堡 3 个区域支持开启默认加密。本测试用例选择区域在华北-北京四，因此桶数据不被加密。

（4）归档数据直读。通过归档数据直读，可以直接下载存储类别为归档存储的对象而无须提前恢复。由于开启归档数据直读会收取相应的费用，因此此处选择"关闭"。

（5）数据冗余存储策略。其有"多 AZ 存储"和"单 AZ 存储"两个选项。采用多 AZ 创建的桶，数据将存储在同一区域的 3 个不同可用区。当某个可用区不可用时，仍然能够从其他可用区正常访问数据，适用于对可用性要求较高的数据存储场景。根据业务情况，用户须提前规划是否开启多 AZ 功能，因为桶一旦创建成功，后续将无法修改多 AZ 功能的启停状态。多 AZ 功能可提高数据的可用性，因此此处选择"多 AZ 存储"。

（6）标签。标签用于标识 OBS 中的桶，以此达到对 OBS 中的桶进行分类的目的。OBS 以键值对的形式描述标签，每个标签有且只有一对键值。

存储桶信息配置完毕后，单击"创建桶"对话框右下角的"立即创建"按钮，系统就会创建一个存储桶。创建结果如图 9-14 所示。

图 9-14 OBS 桶创建成功

3．桶内创建文件夹

通过 OBS 管理控制台在已创建的桶中新建一个文件夹，从而更方便地管理存储在 OBS 中的数据。

（1）进入存储桶。在 OBS 管理控制台左侧导航菜单栏中选择"对象存储"选项，单击存储桶的名称链接，进入存储桶概览界面，如图 9-15 所示。

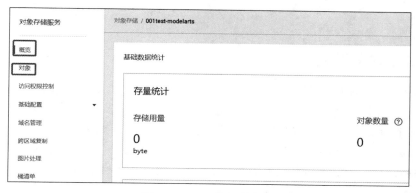

图 9-15　OBS 桶概览界面

（2）选择对象菜单项。在桶列表单击待操作的桶，进入"概览"界面，在左侧导航菜单栏中选择"对象"选项，进入如图 9-16 所示界面。

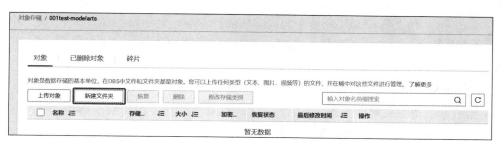

图 9-16　"新建文件夹"按钮

（3）创建文件夹。在图 9-16 所示界面中，单击"新建文件夹"按钮或者单击进入目标文件夹后，再单击"新建文件夹"按钮，弹出如图 9-17 所示的"新建文件夹"对话框。

（4）输入文件夹名称。在图 9-17 所示的对话框中的"文件夹名称"文本输入框中输入新文件夹名称后，单击"确定"按钮。完成文件夹的创建操作，结果如图 9-18 所示。

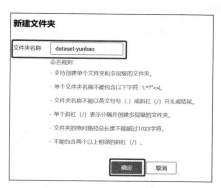

图 9-17　输入文件夹名称

图 9-18　新建文件夹成功

9.4.3　数据准备

ModelArts 在公共 OBS 桶中提供了云宝的示例数据集,命名为"Yunbao-Data-Custom"。本小节的操作示例使用此数据集进行模型构建。读者需要执行如下操作,将数据集上传至自己的 OBS 存储桶目录下,即在第 9.4.2 节准备工作中创建的 OBS 桶(001test-modelarts/dataset-yunbao)中。如果读者想使用自己的数据集,可跳过此步骤,直接将数据上传至 OBS 桶并在后续第 9.4.4 节创建物体检测项目时直接选择此目录即可。

1. 获取数据集

(1) 数据集下载。下载链接可以从本书附件中查找或在华为华为云市场搜索。将 Yunbao-Data-Custom 数据集下载至本地并解压。获取的数据集分为两个子目录,分别为 eval 和 train。其中,train 存储的数据用于模型训练;eval 存储的数据可用于模型的预测。

(2) 在 OBS 桶下创建文件夹。在 OBS 桶中的 dataset-yunbao 文件夹下创建 3 个子文件夹,分别命名为 eval、train 和 output。将本地文件直接通过 Internet 上传至 OBS 指定的位置,待上传的文件可以是任何类型:文本文件、图片或视频等。

2. 上传数据集

使用批量上传方式将本地 Yunbao-Data-Custom 文件夹下的所有文件上传至"001test-modelarts/dataset-yunbao"OBS 桶。具体操作步骤如下所述。

(1) 登录 OBS 控制台。首先进入 OBS 控制台,进入 OBS 桶界面,如图 9-19 所示,单击"上传对象"按钮,弹出如图 9-20 所示对话框。在图 9-20 所示对话框中,单击"添加文件"链接,在弹出的对话框中选择所有文件,单击"确定"按钮关闭对话框,然后单击图 9-20 所示中的"上传"按钮,完成对象的上传操作。

图 9-19　OBS 桶上传对象

图 9-20　批量上传文件到 OBS 桶

（2）分文件夹上传至 OBS 桶。将本地数据集中 eval 文件夹下的文件上传至 OBS 桶中的 eval 文件夹中，train 文件夹下的文件上传至 OBS 桶中的 train 文件夹中，上传结果如图 9-21 所示。

(a) 本地eval文件夹上传位置

图 9-21　上传本地数据集到 OBS 桶

(b) 本地train文件夹上传位置

图 9-21 （续）

9.4.4 创建项目

ModelArts 的自动学习功能可以根据标注的数据自动设计模型、调参、训练、压缩和部署模型，不需要代码编写和模型开发经验。其主要面向无编码能力的用户，其可以通过界面的标注操作，一站式训练、部署，完成 AI 模型的构建。

1. 创建物体检测项目

在 ModelArts 管理控制台，选择左侧导航菜单栏中的"自动学习"选项，在弹出的界面中，选择"物体检测"项目，单击"创建项目"按钮，如图 9-22 所示。

图 9-22 "自动学习"项目

2. 创建物体检测项目

在弹出的"创建物体检测项目"对话框中,分别填写"名称"和"数据集名称"输入框,选择"数据集输入位置"选项,此处的云宝数据集 OBS 的路径为/001test-modelarts/dataset-yunbao/train/,"数据集输出位置"选择"/001test-modelarts/dataset-yunbao/output"。然后单击"创建项目"按钮,即完成了物体检测项目的创建,如图 9-23 所示。需要注意的是,云宝数据集有 eval 和 train 两个目录,请选择 train 目录下的数据进行训练,如果选择 train 的上层目录,会提示"OBS 存在非法数据的错误",导致无法创建项目。

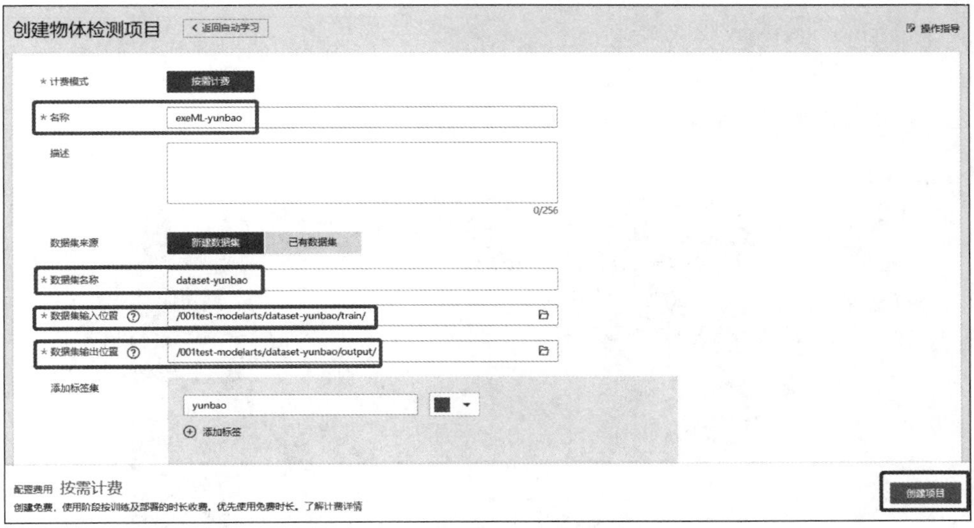

图 9-23 创建物体检测项目

3. 同步数据源

在项目创建成功后,系统会自动跳转至"数据标注"界面。单击界面的"同步数据源"按钮以执行数据源的同步操作,如图 9-24 所示。

图 9-24 "同步数据源"按钮

9.4.5 数据标注

数据标注针对物体检测项目,是在已有数据集图像中,标注出物体位置,并为其打上标签。标注好的数据用于模型训练。在云宝数据集中,已标注部分数据,还有部分数据未标注,可以选择未标注数据进行试用。

1. 标注云宝图像

（1）选择未标注图片。在 ModelArts 控制台,在"自动学习"的"数据标注"界面,单击"未标注"标签,此界面展示了所有未标注的图片文件,如图 9-25 所示。

（2）方框标注图片。单击任意一张图片,进入图片标注界面,在图片的左上角或右下角单击鼠标以固定一点,然后拖动鼠标不放并画出矩形框,将云宝图像框在方框内,如图 9-26 所示。

图 9-25　未标注的图片数据

图 9-26　图片标注界面

（3）为标注添加标签。用鼠标框选图片中的云宝所在区域后,界面自动弹出"添加标签"对话框,在此对话框中的"类型"文本框中输入标签名称,如此示例中的输入 yunbao,单击"添加"按钮完成此图片的标签添加,如图 9-27 所示。在标注完成后,此图片的状态将显示为"已标注"。

依次在下方图片目录中,选择其他图片,重复上述操作完成所有图片的标注。如果一张图片有多个云宝,可以标注多处。建议将数据集中所有图片都标注完成,这样能得到一个效果比较好的模型。

当图片目录中所有图片都完成标注后,单击左上角"自动学习"菜单,在弹出的对话框中单击"确定"按钮保存标注信息,如图 9-28 所示。

2. 查看标注信息

进入数据标注界面,可以在"已标注"标签下查看已完成标注的图片,并通过右侧的标签信息了解当前已完成的标签名称和标签数量,如图 9-29 所示。

图 9-27 添加图片标签名称

图 9-28 保存标注信息

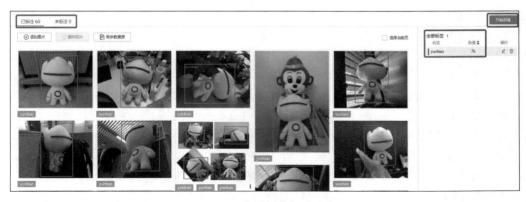

图 9-29 查看图片标注信息

9.4.6 模型训练

1. 开始训练

完成数据标注后,在"数据标注"界面,单击右上角的"开始训练"按钮,ModelArts 将开启模型的训练过程。自动训练的目的是得到满足需求的图像分类模型。由于用于训练的图片至少有两种以上的分类,每种分类的图片不少于 5 张,因此在发布训练之前,请确保已标注的图片符合要求,否则"开始训练"按钮会处于灰色状态。

单击"开始训练"按钮,在弹出的"训练设置"对话框中配置相关参数,如图 9-30 所示。具体参数配置如下所述。

图 9-30 "训练设置"对话框

(1) 数据集版本名称。此版本即数据管理中发布数据集时设置的版本。自动学习项目中,启动训练作业时,会基于前面的数据标注,将数据集发布为一个版本。系统将自动给出一个版本号,用户也可以根据实际情况进行填写。

(2) 训练验证比例。训练验证比例表示将已标注样本随机分为训练集和验证集的比例,默认训练集比例为 0.8,即大部分为训练集,manifest 中的 usage 字段记录划分类别。

(3) 增量训练版本。用户可以在之前训练成功的版本中,自主选择精度最高的版本进行再训练,可以加快模型收敛速度,提高训练精度。

(4) 最大训练时长(分钟)。在设置的最大训练时长内,若训练还未完成,则系统会强制退出。为防止在训练中退出,建议使用较大值。注意:输入值不能小于 0.05。适当延长训练时间,500 张图片的训练集建议选择运行 120 分钟以上。

(5) 训练偏好。训练偏好主要有三档,值分别为 accuracy first(精度优先、训练时间较长,模型较大)、balance(平衡)、performance first(性能优先、训练时间较短、模型较小)。此样例取值为 balance。

(6) 计算规格。计算规格即选择训练使用的资源规格,默认支持两种:增强计算型 1 实例-自动学习(GPU):按需计费的规格;自动学习免费规格(GPU):免费规格,使用此规格不收费。但是使用此规格时,训练作业在 60 分钟后会自动停止,即 1 次最多只能使用 60 分钟。建议评估下数据大小,确保训练作业不要超过 60 分钟。当使用人数较多时,此免费规格需排队等待。

单击"下一步"按钮,确认配置后,单击"提交"按钮,即可开始模型的自动训练,如图 9-31 所示。训练时间相对较长,建议耐心等待。如果训练中关闭或退出此界面,那么系统会继续执行训练操作。

图 9-31　模型开始训练

2. 训练结果

模型训练完成后,可以在界面中查看训练详情,如"准确率""评估结果""训练参数""分类统计表"等,如图 9-32 所示。

图 9-32　模型训练结果

评估结果参数说明如下所述。

(1) 召回率:被用户标注为某个分类的所有样本中,模型正确预测为该分类的样本比率,反映模型对正样本的识别能力。

(2)精确率:被模型预测为某个分类的所有样本中,模型正确预测的样本比率,反映模型对负样本的区分能力。

(3)准确率:所有样本中,模型正确预测的样本比率,反映模型对样本整体的识别能力。

(4)F1值:F1值是模型精确率和召回率的加权调和的平均值,用于评价模型的好坏。当F1较高时,说明模型效果较好。

9.4.7 部署上线

1. 启动部署

进入 ModelArts 控制台,选择左侧导航菜单栏中的"自动学习"选项,在"模型训练"标签中,待训练状态变为"已完成"时,单击"版本管理"区域中的"部署"按钮如图 9-33 所示。弹出"部署"对话框,如图 9-34 所示。

图 9-33 单击"部署"按钮

(a) "计算节点规格"为"增强计算型3实例-自动学习(CPU)"

(b) "计算节点规格"为"自动学习免费规格(CPU)"

图 9-34 部署模型设置

2. 部署配置

在弹出的"部署"对话框中,选择"计算节点规格"为"增强计算型 3 实例-自动学习(CPU)",开启"是否自动停止"功能,如图 9-34(a)所示,单击"确定"按钮,即可将物体检测模型部署上线为在线服务。如果选择"计算节点规格"为"自动学习免费规格(CPU)",就不需要开启"是否自动停止"功能,而是在 1 小时之后自动停止,如图 9-34(b)所示。

3. 部署上线

启动部署后,系统自动跳转至部署上线界面,如图 9-35 所示。此界面将呈现模型部署上线的进度和状态。部署上线将耗费一段时间,需耐心等待。

图 9-35 部署上线进行中

部署完成后,版本管理区域的状态将变更为"运行中",如图 9-36 所示。

图 9-36 部署成功

9.4.8 模型测试

模型部署完成后,可添加图片进行模型测试。

1. 上传测试用例

在"部署上线"界面,选择状态为"运行中"的服务版本,在"服务测试"区域单击"上传"按钮,如图 9-37 所示。

从本地主机的数据集中的 eval 文件夹下选择一张包含云宝的图片,上传到系统,然后单击"预测"按钮进行模型测试,如图 9-38 所示。

图 9-37　上传图片

图 9-38　预测图片

2. 利用模型预测

预测完成后,会在右侧"预测结果"区域输出标签名称 yunbao、位置坐标和检测的评分,如图 9-39 所示。预测结果中,detection_boxes 表示物体所在位置坐标,detection_scores 表示检测评分,表示坐标内图像是云宝的概览评分。如模型准确率不满足预期,可在"数据标注"步骤中添加图片并进行标注,重新进行模型训练及部署上线。

3. 停止模型服务

由于运行中的在线服务将持续耗费资源,如果不需再使用此在线服务,建议在版本管理区域,单击"停止"按钮,即可停止在线服务的部署,避免产生不必要的费用。如果需要继续使用此云宝检测的服务,可单击"启动"按钮恢复服务,如图 9-40 所示。

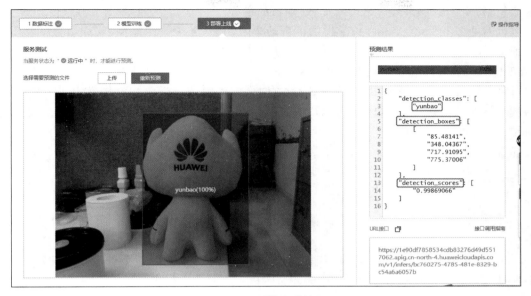

图 9-39　图片预测结果

(a) 停止服务

(b) 启动服务

图 9-40　在线服务的停止和启动

9.5　本章小结

　　本章以找云宝的操作任务为主线,通过准备数据、创建物体检测项目、数据标注、自动训练,生成模型并将其部署上线为在线服务、测试服务等具体步骤,使用自动学习实现物体检测应用,初步体验华为云一站式开发 AI 项目的过程。

针对业务开发者,ModelArts 提供了自动学习功能,无须关注模型开发、参数调整等开发细节,仅需 3 步(数据标注、自动训练、部署上线)即可完成一个 AI 开发项目。通过创建 ModelArts 的"物体检测"类别项目和预置的云宝图像数据集,自动训练并生成检测模型,同时将生成的模型部署为在线服务。除此之外,本章简单介绍了 AI 的开发流程以及 OBS 的基本概念及操作,从而加深读者对 OBS 产品及其应用的认识和理解。将 OBS 技术与 ModelArts 的自动学习功能有效结合,高效、快速地构建可用模型,实现 AI 项目的一站式开发部署。

习题

1. 利用 ModelArts 建立花卉图像分类应用,花卉数据集可从本书前言数据集二维码下载。

2. 使用 ModelArts 平台上的自动学习功能,预测某个客户是否会办理存款业务。数据集来自 UCI 的 Machine Learning Repository,从本书前言数据集二维码下载。

第10章 Web应用防火墙服务

随着 Web 应用越来越丰富,Web 服务器以其强大的计算能力、处理性能及蕴含的较高价值逐渐成为主要攻击目标。Web 应用防火墙代表了一类新兴的信息安全技术,用以解决诸如防火墙一类的传统设备束手无策的 Web 应用安全问题。它工作在应用层,对 Web 应用防护具有先天的技术优势,通过对来自 Web 应用程序客户端的各类请求进行内容检测和验证,确保其安全性与合法性,对非法的请求予以实时阻断,从而对各类网站站点进行有效防护。

通过本章,您将学到:

(1)搭建渗透测试环境;

(2)接入 Web 应用防火墙;

(3)Web 基础防护配置;

(4)CC 攻击防护配置;

(5)黑、白名单设置。

Web 应用防火墙(Web Application Firewall,WAF)是集 Web 防护、网页保护、负载均衡、应用交付于一体的 Web 整体安全防护的一款产品。它集成全新的安全理念与先进的创新架构,保障用户核心应用与业务持续稳定的运行。WAF 还具有多面性的特点。比如从网络入侵检测的角度看,可以把 WAF 看成运行在 HTTP 层上的 IDS 设备;从防火墙角度看,WAF 是一种防火墙的功能模块;还有人把 WAF 看作"深度检测防火墙"的增强。

Web 应用防火墙通过对 HTTP(S)请求进行检测,识别并阻断 SQL 注入、跨站脚本攻击、网页木马上传、命令/代码注入、文件包含、敏感文件访问、第三方应用漏洞攻击、CC(Challenge Collapsar)攻击、恶意爬虫扫描、跨站请求伪造等攻击,保护 Web 服务安全稳定。部署 WAF 服务后,在其管理控制台将网站添加并接入 WAF,即可启用 WAF。启用之后,被防护网站所有的公网流量都会先经过 WAF,其中,恶意攻击流量在 WAF 上被检测过滤,而正常流量返回给源站 IP,从而确保源站 IP 安全、稳定、可用。本章将通过搭建渗透网络环境来验证 WAF 的防护,通过对 WAF 的部署与配置,实现对网站业务流量进行多维度检测和防护,并带领读者领略 WAF 的功能,提升自身华为云安全运维能力。

10.1 WAF 概述

WAF 是通过执行一系列针对 HTTP/HTTPS 的安全策略专门为 Web 应用提供保护的一款服务，主要用于防御针对网络应用层的攻击，像 SQL 注入、跨站脚本攻击、参数篡改、应用平台漏洞攻击、拒绝服务攻击等。

10.1.1 WAF 的功能

WAF 会对 HTTP 的请求进行异常检测，拒绝不符合 HTTP 标准的请求，从而减小攻击的影响范围。WAF 增强了输入验证，可以有效防止网页篡改、信息泄露、木马植入等恶意网络入侵行为，减小 Web 服务器被攻击的可能。WAF 可以对用户访问行为进行监测，为 Web 应用提供基于各类安全规则与异常事件的保护。WAF 还有一些安全增强的功能，用以解决 Web 程序员过分信任输入数据带来的问题，如隐藏表单域保护、抗入侵规避技术、响应监视和信息泄露保护等。具体来说主要有如下几个功能。

1. Web 基础防护

覆盖 OWASP（Open Web Application Security Project，开放式网页应用程序安全项目）TOP 10 中常见的安全威胁，如漏洞攻击网页木马等，可通过预置丰富的信誉库进行检测和拦截。

WAF 支持对 SQL 注入、XSS 跨站脚本、远程溢出攻击、文件包含、Bash 漏洞攻击、远程命令执行、目录遍历、敏感文件访问、命令/代码注入等攻击进行检测和拦截；

支持 Webshell 检测，防护通过上传接口植入网页木马；

精准识别攻击，内置语义分析＋正则双引擎，黑白名单配置，误报率更低；支持防逃逸，自动还原常见编码，其识别变形攻击能力较强。默认支持的编码还原类型有 url_encode、Unicode、xml、C-OCT、十六进制、HTML 转义、base64、大小写混淆、javascript/shell/php 等拼接混淆；

深度反逃逸识别，支持针对同形字符混淆、通配符变形的命令注入、UTF 7、Data URI Schema 等的防护。

2. IPv6 防护

随着 IPv6 协议的迅速普及，新的网络环境以及新兴领域均面临着新的安全挑战，WAF 的 IPv6 防护功能可帮助用户轻松构建覆盖全球的安全防护体系。

WAF 支持防护 IPv6 环境下发起的攻击，帮助用户的源站实现对 IPv6 流量的安全防护。WAF 支持 IPv6/IPv4 双栈，针对同一域名可以同时提供 IPv6 和 IPv4 的流量防护。

针对仍然使用 IPv4 协议栈的 Web 业务，WAF 支持 NAT64 机制［NAT64 是一种通过网络地址转换（NAT）形式促成 IPv6 与 IPv4 主机间通信的 IPv6 转换机制］，即 WAF 可以将 IPv4 源站转化成 IPv6 网站，将外部 IPv6 访问流量转化成对内的 IPv4 流量。

3．CC攻击防护

CC(Challenge Collapsar)攻击，其前身名为 Fatboy 攻击，Collapsar 是黑洞的意思，CC 表示要向黑洞发起挑战的意思。攻击者借助代理服务器生成指向受害主机的合法请求，实现拒绝服务攻击和伪装，这种攻击方式就叫作 CC 攻击。

CC 攻击可以归为 DDoS(Distributed Denial of Service)攻击的一种。两者的原理都是一样的，即发送大量的请求数据来导致服务器拒绝服务，是一种连接攻击。CC 攻击又可分为代理 CC 攻击和肉鸡 CC 攻击。代理 CC 攻击是黑客借助代理服务器生成指向受害主机的合法网页请求，实现 DOS(Denial Of Service)和伪装。而肉鸡 CC 攻击是黑客使用 CC 攻击软件，控制大量肉鸡，发动攻击，后者比前者更难防御。因为肉鸡可以模拟正常用户访问网站的请求来伪造成合法数据包。

WAF 根据业务需要，配置防护动作和返回界面内容，有效缓解 CC 攻击(HTTP Flood)带来的业务影响，支持人机验证、阻断、动态阻断和仅记录防护动作。可以根据 IP、Cookie 或者 Referer 字段名设置灵活的限速策略。阻断界面可定制，可自定义内容和类型，满足业务多样化需要。

4．安全可视化

提供简洁友好的控制界面，实时查看攻击信息和事件日志。在 WAF 服务的控制台集中配置适用于多个防护域名的策略，快速下发，快速生效。实时查看访问次数、安全事件的数量与类型、详细的日志信息。

5．非标准端口防护

Web 应用防火墙除了可以防护标准的 80 和 443 端口外，还支持非标准端口的防护。

10.1.2　WAF 的原理

WAF 部署在 Web 应用程序前面，在用户请求到达 Web 服务器前对用户请求进行扫描和过滤，分析并校验每个用户请求的网络包，确保每个用户请求有效且安全，对无效或有攻击行为的请求进行阻断或隔离。通过检查 HTTP 流量，可以防止源自 Web 应用程序的安全漏洞(如 SQL 注入、跨站脚本攻击、文件包含和安全配置错误)的攻击。

1．WAF 引擎检测机制

WAF 内置的检测流程主要分为解析阶段、检测阶段、响应阶段和日志阶段 4 部分。

(1) 解析阶段：HTTP/HTTPS 原始请求报文到达 WAF 后，首先进入解析阶段，解析原始 HTTP/HTTPS 报文，获取请求头、请求行、请求体等相关信息，然后根据请求报文确认转发策略。

(2) 检测阶段：WAF 进入检测阶段后，根据请求信息，获取用户对应的防护策略，对相关请求内容进行解析，如编码还原、字符过滤等。然后根据用户设置的自定义策略进行请求过滤检测，并执行相关的防护运作，如放行、阻塞、日志、重定向等。在执行完用户自定义规则检测之后，进行内置规则检测，如 Web 基础防护规则检测，检测顺序为 Robot 爬虫检测、

Webshell 检测,其他 Web 攻击检测,执行动作包括放行、阻塞和记录 3 种。

（3）响应阶段：主要包括网页防篡改检测和敏感信息泄露防护两大功能。根据配置的网页防篡改策略进行网页防篡改功能检测和防护,响应用户网站的正常界面。根据配置的防敏感信息泄露策略进行敏感信息检测及防护。

（4）日志阶段：主要是根据配置的隐私屏蔽规则进行检测及防护。

2. WAF 部署模式

WAF 服务支持云模式、独享模式和 ELB 模式 3 种部署方式,如图 10-1 所示。

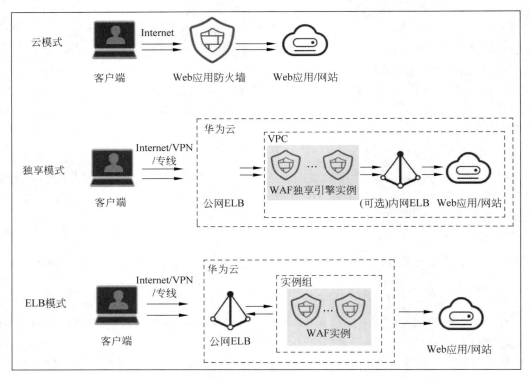

图 10-1　WAF 3 种部署方式

通过图 10-1 所示可以看出,WAF 的独享模式和 ELB 模式均需要部署华为云的弹性负载均衡 ELB 服务,通过 ELB 将访问请求转发到 WAF 实例,WAF 对访问请求做检测之后,将请求转发给真实的 Web 应用服务器。而在云模式下的 WAF 部署,则不需要弹性负载均衡服务,在保护网站时在域名服务器将要保护的 Web 应用域名指向 WAF 即可。

（1）WAF 的云模式部署方式可以防护华为云、非华为云和云下的域名,弹性扩容能力强,可以一键扩容防护能力。云模式支持包年月（预付费）计费方式,支持检测版、专业版、企业版和旗舰版 4 种服务版本。其中,检测版适用于个人网站防护场景;专业版适用于中小型网站,对业务没有特殊的安全需求场景;企业版适用于中型企业级网站或服务对 Internet

公众开放,关注数据安全且具有高标准的安全需求场景;旗舰版适用于中大型企业网站,具备较大的业务规模,或是具有特殊定制的安全需求的场景。

（2）WAF独享模式部署灵活,可以防护华为云上的域名或IP。独享引擎实例资源由用户独享,可以满足大规模流量攻击场景防护需求。适用于大型企业网站,具备较大的业务规模且基于业务特性具有定制化的安全需求的场景。

（3）WAF的ELB部署模式适用于大型企业网站,对业务稳定性有较高要求的安全防护需求的场景,要求业务服务器部署在华为云。

10.2　域名注册服务

WAF的网站防护是基于网站域名提供防护服务的,因此在部署WAF服务之前需要先申请一个域名。域名注册（Domain Registration）是用户付费获取Internet上某一域名一段时间使用权的过程。华为云域名注册服务提供域名的注册、购买、实名认证以及管理功能。

10.2.1　域名概述

域名（Domain Name）是用户在Web浏览器的地址栏中输入的名称（如example.com）,用于访问某个网站或者Web应用程序。

1. 域名格式及其级别

（1）域名的格式需满足如下要求。

① 域名以点号分隔成多个字符串。

② 单个字符串由各国文字的特定字符集、字母、数字、连字符(-)组成,字母不区分大小写,连字符(-)不得出现在字符串的头部或者尾部。

③ 单个字符串长度不超过63个字符。

④ 字符串间以点分隔,且总长度（包括末尾的点）不超过254个字符。

（2）域名级别有根域名、顶级域名和二级域名、三级域名和四级域名等区别,如下所述。

① 根域名：.。

② 顶级域名：如.com,.net,.org,.cn等。

③ 二级域名：顶级域名的子域名,如example.com,example.net,example.org等。

④ 三级域名：主域名的子域名,如abc.example.com,abc.example.net,abc.example.org等。

⑤ 四级域名,依此类推,在上一级域名最左侧进行域名级别的拓展。

2. 域名注册

域名注册遵循"先申请先注册"的原则,每一个域名都是独一无二、不可重复的。如果想在Internet上拥有服务器并通过域名发布信息,就需要注册域名。

域名注册的过程如下：

（1）选择一个可用的域名,选择华为云作为域名注册商,注册该域名。

（2）注册完成后,域名注册商（域名注册）将域名注册信息发送到域名注册机构。

（3）域名注册机构将收到的域名注册信息保存在自己的数据库中，同时将域名注册信息发送到公共的 Whois 数据库。

根据工信部的要求，所有新注册的域名均需进行域名实名认证。要开办网站必须先办理网站备案。如果用户的网站服务器部署在华为云，可以通过华为云的备案中心为网站进行备案。

用户完成注册域名、实名认证以及备案过程之后，须为网站配置域名解析服务才可以实现在 Internet 上通过域名直接访问网站或 Web 应用。用户必须完成域名注册后，才能为域名配置解析记录。备案是国家和工信部的要求，其对应的主体是网站服务器以及域名，备案需要在域名注册和网站搭建之后进行。

Web 浏览器通过 DNS 服务器进行域名解析，以获取网站的 IP 地址，然后，浏览器向获得的 IP 地址发出访问网站的请求。域名解析服务是实现访问网站的第一阶段，备案控制是访问网站的第二阶段。如果网站没有进行备案，即使域名成功解析，Web 浏览器仍然无法成功访问网站 IP，最终导致访问网站失败。

10.2.2 申请注册域名

1. 进入域名服务控制台

登录华为云平台，选择"控制台"界面上方导航菜单栏中的"服务列表"菜单项，然后单击"域名与网站"列表中的"域名注册"链接，在弹出的"域名列表"对话框中注册域名，如图 10-2 所示。

2. 查询待注册域名

单击图 10-2（b）所示对话框右上角的"注册域名"按钮，弹出"域名注册"对话框，如图 10-3 所示。首先查询待注册域名是否被占用，然后将查询到的待注册域名加入清单，单击查询结果行右侧的"加入清单"按钮即可。此处取值样例为 tute-cloudservice。

3. 填写域名信息模板

单击"加入清单"按钮后，单击界面下方的"创建域名信息模板"链接，在弹出的对话框中填写域名注册信息，根据实际需要，选择"个人用户"或"企业用户"，按照模板信息提供相应的信息，最后单击"确定"按钮，如图 10-4 所示。

填写完成域名信息模板后，在界面右下角单击"立即购买"按钮，完成域名的购买操作，如图 10-5 所示。

4. 域名信息确认

单击图 10-5 所示界面的"立即购买"按钮进入订单确认界面，确认订单无误后，选中"我已阅读并同意《华为云域名注册服务协议》"，单击"去支付"按钮，进入付款界面，付款完成后，即可完成购买注册域名的操作，如图 10-6 所示。

在云服务解析的公网域名列表中即可查看已购买的注册域名，如图 10-7 所示。

(a) 域名服务位置

(b) 域名服务控制台

图 10-2　进入注册域名界面

5. 域名实名认证

域名实名认证即域名所有者信息的实名认证,要求购买域名时填写的域名所有者信息与提交的材料一致。工信部自 2017 年提出了全面域名实名认证的要求。按照规定,新注册域名需在购买成功后 5 天内进行实名认证。若域名在规定时间内未通过实名认证审核,会被注册局暂停解析服务,无法正常访问。

进入域名服务控制台,选择左侧导航菜单栏中的"域名与网站"→"域名注册"菜单,进入"域名列表"界面。在"域名列表"界面中,找到待实名认证的域名,并单击"服务状态"列的"未实名认证"链接,进入"实名认证"界面。根据个人用户还是企业用户,提交相应的实名认证材料即可,若为个人用户,则需要提供身份证信息,若为企业用户,则需要提供营业执照信息等。

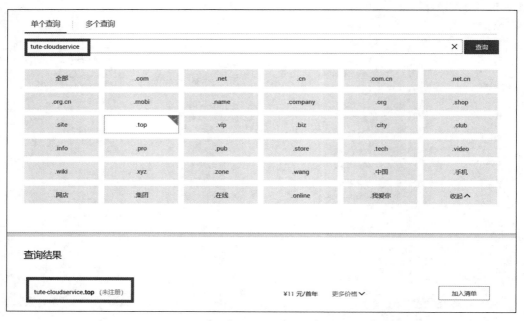

图 10-3　注册域名查询

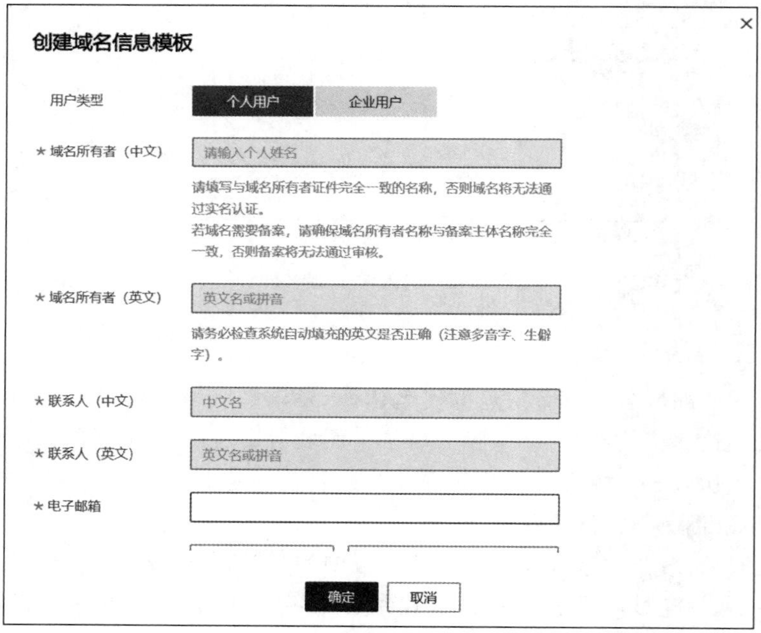

图 10-4　填写域名信息模板

图 10-5　单击"立即购买"按钮

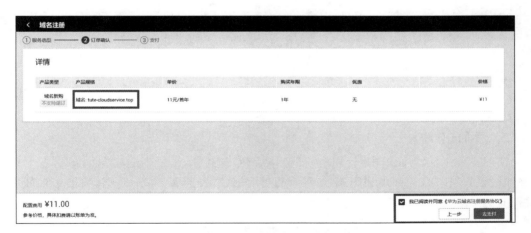

图 10-6　域名支付界面

图 10-7　注册域名列表

6. 域名备案

根据工信部《互联网信息服务管理办法》(国务院令第 292 号)和《非经营性互联网信息服务备案管理办法》(信息产业部令第 33 号)规定,未取得许可或者未履行备案手续的网站不能开通访问。因此,为了保证网站能够正常访问,需要在注册域名以及搭建网站后,及时提交网站备案。

10.2.3 配置域名解析

1. 进入域名解析服务

登录华为云域名服务控制台,选择界面左侧导航菜单栏中的"域名解析"→"公网解析"选项,在右侧的公网域名列表中,单击"管理解析"链接,即可进入域名解析服务配置界面,如图 10-8 所示。

图 10-8 "公网域名"解析界面

2. 添加记录集

在图 10-8 所示界面单击"管理解析"链接后,系统进入添加记录集界面,单击右上角的"添加记录集"按钮,在弹出如图 10-9 所示的对话框中,参照表 10-1 所示输入要添加的域名解析的记录集信息。最后单击对话框的"确定"按钮完成记录的添加。

表 10-1 A 类型记录集参数说明

参　　数	参 数 说 明	取 值 样 例
主机记录	解析域名的前缀。例如,创建的域名为 example.com,其"主机记录"设置如下所述。 (1) www:用于网站解析,表示解析的域名为"www.example.com"。 (2) 空:如果保留空,表示解析的域名为"example.com"。 (3) *:用于泛解析,表示解析的域名为"*.example.com",匹配"example.com"的所有子域	www
类型	记录集的类型,此处为 A 类型;添加记录集时,如果提示解析记录集已经存在,说明待添加的记录集与已有的记录集存在限制关系或者冲突	A -将域名指向 IPv4 地址

续表

参 数	参 数 说 明	取 值 样 例
别名	用于是否将此记录集关联至云服务资源实例	否
别名记录	仅当"别名"设置为"是"时出现	-
线路类型	解析的线路类型用于 DNS 服务器在解析域名时，根据访问者的来源，返回对应的服务器 IP 地址。默认值为"全网默认"	全网默认
TTL(秒)	解析记录在本地 DNS 服务器的缓存时间，以秒为单位；默认值为300 秒；取值范围为 1～2 147 483 647	5 分钟（即 300s）
值	域名对应的 IPv4 地址，最多可以输入 50 个不重复的地址，多个地址之间以换行符分隔	弹性 IP 地址
权重	可选参数，返回解析记录的权重比例。默认值为1，取值范围为 0～1000	1
标签	可选参数，当"其他配置"开关打开时显示	不设置
描述	可选参数，对域名的描述，当"其他配置"开关打开时显示，长度不超过 255 个字符	不设置

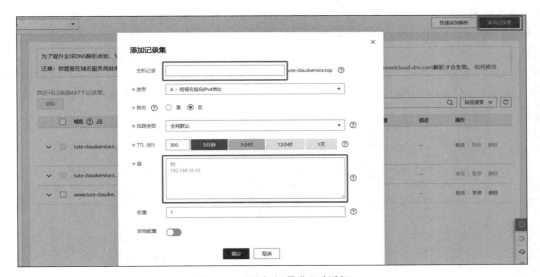

图 10-9 "添加记录集"对话框

添加完成记录集后，访问 www.tute-cloudservice.top 时，DNS 域名服务器就将该域名解析到设定的弹性 IP 地址。

10.3 搭建渗透测试环境

10.3.1 创建 ECS

登录华为云控制台，选择导航菜单栏中的"服务列表"→"计算"→"弹性云服务器 ECS"选项，单击"弹性云服务器"按钮，在创建云服务器过程中选择绑定"弹性公网 IP"，其中"操作系统"选择 Windows Server 2019 标准版 64 位即可,创建结果如图 10-10 所示。

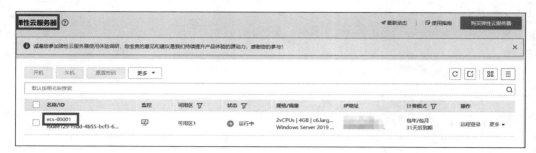

图 10-10 创建 ECS

10.3.2 搭建渗透测试环境

1. 下载并安装 XAMPP

XAMPP(Apache＋MySQL＋PHP＋PERL)是一个功能强大的建站集成软件包。它可以在 Windows、Linux、Solaris、MacOS X 等多种操作系统下安装使用。XAMPP 下载地址为 https://sourceforge.net/projects/xampp/。如果下载地址更新,请详见前言二维码。

远程登录并将软件上传至 ECS,然后安装 XAMPP 软件,安装成功后,打开 XAMPP 的控制面板,单击 Start 按钮,开启 Apache 和 MySQL 服务,如图 10-11 所示。

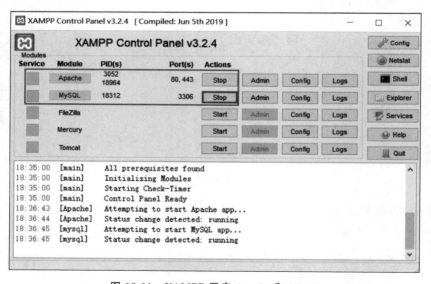

图 10-11 XAMPP 开启 Apache 和 Mysql

2. 下载并解压 DVWA

DVWA(Damn Vulnerable Web App)是一个基于 PHP/MySQL 搭建的 Web 应用程

序,旨在为安全专业人员测试自己的专业技能和工具提供合法的环境,帮助 Web 开发者更好地理解 Web 应用安全防范的过程。DVWA 可以说是一个 Web 安全渗透测试平台。DVWA 的下载地址是"https://github.com/ethicalhack3r/DVWA"。如果下载地址更新,请详见前言二维码。

远程登录 ECS,将下载好的压缩文件解压到一个新的文件夹中,命名为 DVWA-master,再把 DVWA-master 文件夹复制到 C:\xampp\htdocs 目录下,如图 10-12 所示。

图 10-12 解压缩 DVWA-master 文件夹

3. 修改 DVWA 配置文件

到 C:\xampp\htdocs\DVWA-master\config 文件夹下,将 config.inc.php.dist 文件名改为 config.inc.php,并用记事本打开 config.inc.php 文件,将 db_password 的值设置为空,即没有密码,将 db_user 修改为 root,如图 10-13 所示。

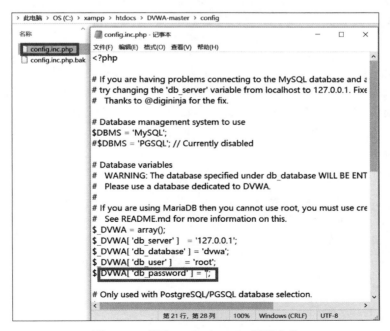

图 10-13 修改 config.inc.php 配置文件

4. 安装 DVMA 应用

打开 ECS 浏览器,在地址栏中输入"http://127.0.0.1/DVWA-master/login.php"并访问,弹出安装 DVWA 界面,如图 10-14 所示。

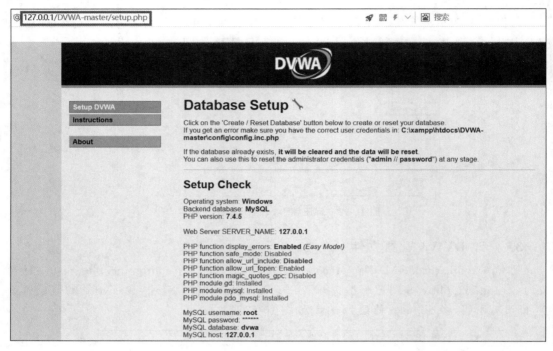

图 10-14　安装 DVWA 界面

在图 10-14 所示的界面下方单击 Create/Reset Database 按钮,即可完成 DVWA 的安装,如果提示错误,请检查 MySQL 服务是否开启以及 DVMA 配置文件是否正确修改,安装完成后,会显示如图 10-15 所示界面。

DVWA 安装成功后会自动跳转到登录界面,如图 10-16 所示。输入默认的用户名及密码(用户名为 admin,密码为 password),登录应用程序。

5. 设置 DVWA 安全级别

登录 DVWA 应用后,可以设置安全级别,共有 4 个难度,分别是 Low、Medium、High 和 Impossible。此处取值样例为 Low(最低难度),如图 10-17 所示。

到此为止,已成功部署一个 Web 渗透测试环境,可以在客户端本地访问 http://弹性 IP/DVWA-master/地址使用渗透测试平台了。如果不能访问,请检查云服务器的安全组相关设置或关闭 ECS 的 Windows 防火墙。

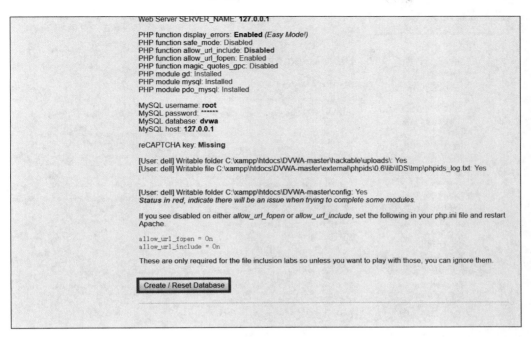

图 10-15　DVWA 安装成功

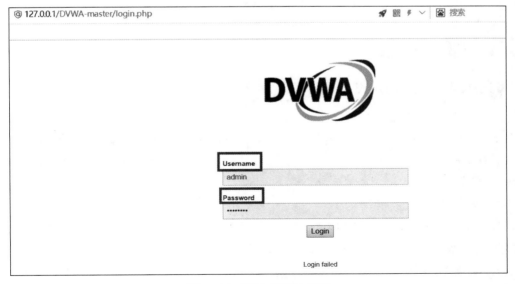

图 10-16　登录 DVWA 界面

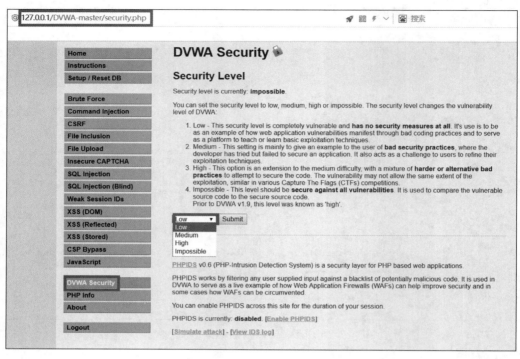

图 10-17　设置 DVWA 应用的安全级别

10.4　部署 WAF

10.4.1　独享模式部署

如果业务服务器部署在华为云上,可以通过购买 WAF 独享引擎实例对重要的域名或仅有 IP 的 Web 服务进行防护。购买独享引擎实例后,还需要为实例配置弹性负载均衡,弹性负载均衡可以通过流量分发扩展应用系统对外的服务能力,同时通过消除单点故障提升应用系统的可用性。

1. 进入 WAF 控制台

登录华为云平台,选择"控制台"界面上方导航菜单栏中的"服务列表"→"安全"→"Web应用防火墙 WAF"选项,进入 WAF 控制台,如图 10-18 所示。

2. 购买独享模式 WAF

在图 10-18 所示的界面中,单击"购买 WAF"按钮,进入购买 WAF 界面,选择"独享模式"标签,配置 WAF 实例参数,如图 10-19 所示。"计费模式"选择"按需计费",区域和可用区保持默认即可,用户可以自定义"WAF 实例前缀",此处输入 waf-tute,WAF 实例数量根据需要选择即可,此处选择实例数量为 1,WAF 实例规格和 ECS 规格根据业务需要选择适

图 10-18 进入 WAF 控制台

当的规格即可,此处选择最小规格配置。VPC 下拉列表选择与第 10.3 节创建的 ECS 所在的 VPC 相同即可。

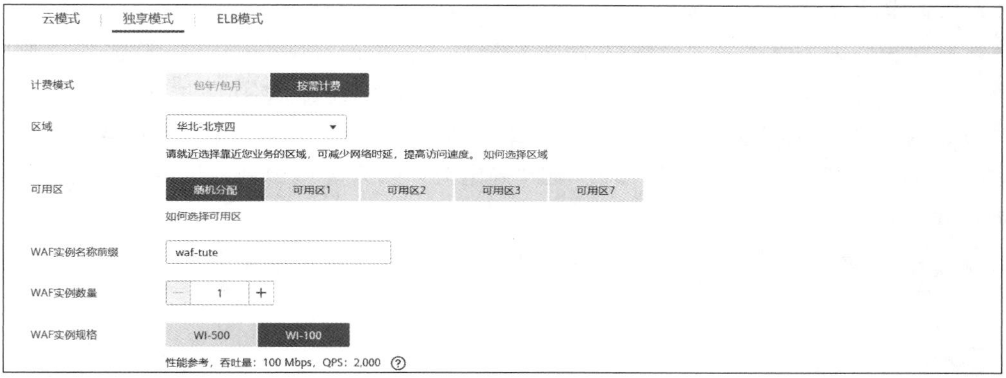

(a) 配置WAF区域及名称

(b) WAF规格及VPC配置

图 10-19 WAF 配置参数

确认参数配置无误后,在界面右下角单击"立即购买"按钮,确认订单详情无误并阅读《华为云 Web 应用防火墙免责声明》后,选中"我已阅读并同意《华为云 Web 应用防火墙免责声明》",单击"去支付"按钮,完成购买操作。在"付款"界面,选择付款方式进行付款。成功付款后,单击"返回独享引擎列表",在独享引擎实例列表界面,可以查看实例的创建情况,如图 10-20 所示。

图 10-20 创建 WAF 实例

3．添加防护网站

登录华为云的 WAF 管理控制台,单击左侧导航栏中的"网站设置"菜单项,在右侧的界面中单击"添加防护网站"按钮,进入如图 10-21 所示"网站设置/添加防护网站"对话框。其中,"防护域名"处填写要防护网站的域名。此处样例取值为"www. tute-cloudservice. top"。"是否已使用代理"选项选择"否",然后单击"确定"按钮,系统返回到网站设置界面。具体设置如下所示:

图 10-21 WAF 添加防护网站

（1）防护域名：可防护的域名，支持单域名和泛域名。单域名：输入防护的单域名，例如：www.example.com；泛域名：若各子域名对应的服务器 IP 地址相同，则输入防护的泛域名，例如：子域名 a.example.com、b.example.com 和 c.example.com 对应的服务器 IP 地址相同，可以直接添加泛域名 *.example.com。

（2）端口：可选参数，仅当用户选中"非标准端口"复选框时需要配置。对外协议设置为 HTTP 时，WAF 默认防护 80 标准端口的业务；对外协议设置为 HTTPS 时，WAF 默认防护 443 标准端口的业务。

（3）服务器配置：网站服务器地址的配置，包括对外协议、源站协议、源站地址和源站端口。对外协议是指客户端请求访问服务器的协议类型，包括 HTTP 和 HTTPS 两种协议类型；源站协议是指 WAF 转发客户端请求的协议类型，包括"HTTP""HTTPS"两种协议类型；源站地址是指客户端访问的网站服务器的公网 IP 地址或者域名。需要注意的是，服务器配置选项中，源站 IP 地址需要添加 ECS 的内网地址，此处样例为 192.168.0.232；源站端口是指 WAF 转发客户端请求到服务器的业务端口。

（4）是否已使用代理：若接入 WAF 的网站已使用高防、CDN、云加速等代理，为了保证 WAF 的安全策略能够针对真实源 IP 生效，务必选择"是"；若选择"否"，则 WAF 无法获取 Web 访问者请求的真实 IP 地址。若接入 WAF 的网站未使用任何代理，则选择"否"。

4. 配置负载均衡

选择界面左上方的"服务列表"→"网络"→"弹性负载均衡 ELB"选项，弹出"负载均衡器"控制台界面，在该界面创建一个负载均衡器。

在负载均衡器所在行的"名称"列，单击目标负载均衡器名称链接，弹出 ELB"基本信息"界面。选择"监听器"标签后，单击"添加监听器"按钮，配置监听器信息，如图 10-22 所示。

图 10-22 添加监听器

单击图 10-22 所示界面中的"下一步"按钮,进行后端服务器组和健康检查配置,如图 10-23 和图 10-24 所示。

图 10-23　配置后端服务器组

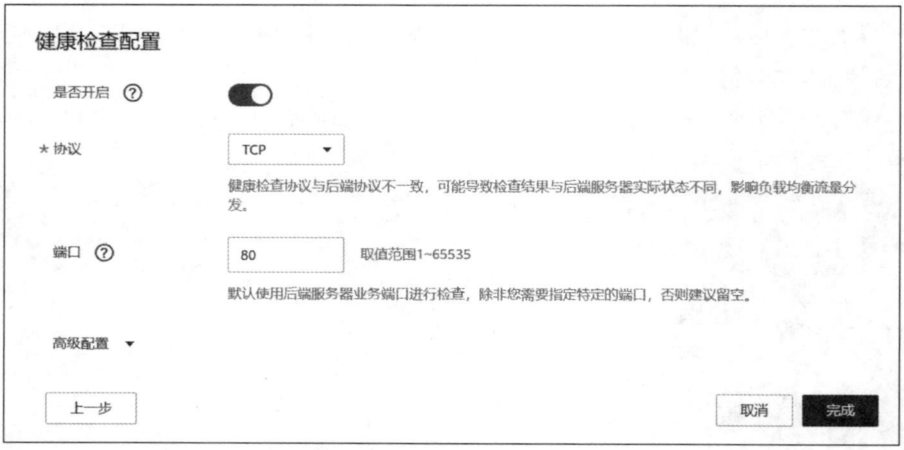

图 10-24　ELB 健康检查配置

单击"完成"按钮后,监听器添加成功,单击"确定"按钮关闭对话框。在添加的监听器"基本信息"界面,选择"后端服务器组"标签后,单击"添加后端服务器组"按钮。在弹出的"添加后端服务器"对话框中,选择购买独享模式中已创建的 WAF 独享引擎实例,如图 10-25 所示。

单击图 10-25 所示对话框中的"下一步"按钮,为独享引擎 WAF 添加监听端口。添加端口需要与添加防护网站(独享模式)时设置的端口保持一致。如果防护网站配置的是标准端口,则 HTTP 监听端口配置为 80,HTTPS 监听端口配置为 443,如图 10-26 所示。

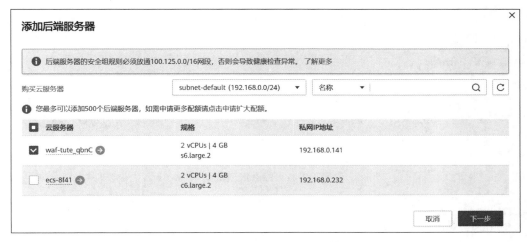

图 10-25　添加 WAF 为后端服务器

图 10-26　"添加后端服务器"对话框

单击图 10-26 所示界面中的"完成"按钮,完成后端服务器的添加,如图 10-27 所示,"健康检查结果"显示为正常,表明 ELB 配置成功。

5. ELB 绑定弹性 IP

在 ELB 所在行的右侧单击"更多"链接,在弹出的菜单中选择"绑定弹性 IP"选项,如图 10-28 所示,即可为 ELB 绑定公网 IP 地址。

6. 检查 WAF 网站配置

在配置完成 ELB 后,进入 WAF 控制台,选择左侧导航菜单栏中的"网站设置"选项,单击防护网站"接入状态"列旁边的刷新按钮以刷新防护网站的接入状态,当接入状态显示为"已接入"时,如图 10-29 所示,表明 WAF 成功防护网站,已经成功部署独享式 WAF。用户通过本地客户端浏览器输入访问域名就能够打开 DVWA 渗透测试平台。

图 10-27　ELB 配置成功

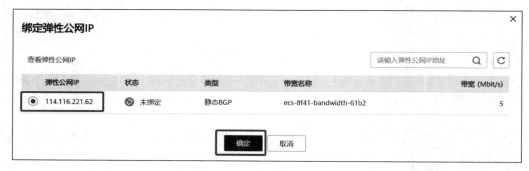

图 10-28　ELB 绑定弹性 IP

图 10-29　独享式 WAF 部署成功

10.4.2　云模式部署

本小节将重点介绍如何将网站域名添加到 WAF,并完成域名接入,使网站流量切入 WAF。域名接入 WAF 后,WAF 作为一个反向代理存在于客户端和服务器之间,服务器的 真实 IP 被隐藏起来,Web 访问者只能看到 WAF 的 IP 地址。

1. 购买云模式 WAF

登录华为云平台,选择"控制台"界面上方导航菜单栏中的"服务列表",选择"安全"列表中的"Web 应用防火墙 WAF"链接,进入 WAF 控制台,在购买 WAF 时,选择图 10-19(a)中的"云模式"标签,云模式下的 WAF 支持检测版、专业版、企业版和旗舰版 4 个版本,根据业务需要选购,云模式 WAF 只支持包年/包月计费形式,根据需要选择购买时长。

2. 添加防护网站

登录 WAF 管理控制台,选择左侧导航菜单栏中的"网站设置"菜单项,在弹出的界面右侧单击"添加防护网站"按钮,弹出如图 10-30 所示对话框。

图 10-30 云模式 WAF 添加防护网站

在"防护域名"输入框处输入要防护的域名即可,此处样例为"www. tute-cloudservice. top"。

"服务器配置"选项与独享式 WAF 不同的是,此处需要添加防护域名所对应的公网 IP,此处样例取值为弹性公网 IP 地址 114. 116. 221. 62。"是否已使用代理"配置项,选择"否",单击"下一步"按钮,弹出"修改 DNS 解析"对话框,如图 10-31 所示。

在图 10-31 所示的对话框中,单击"复制"按钮,将 WAF 的 CNAME 值复制到粘贴板,然后到域名服务控制台修改 DNS 解析。在网站没有接入到 WAF 前,DNS 直接解析到源站的 IP,用户可直接访问服务器。在网站接入 WAF 后,需要把 DNS 解析到 WAF 的 CNAME,这样流量才会先经过 WAF,WAF 再将流量转到源站,实现网站流量检测和攻击拦截。

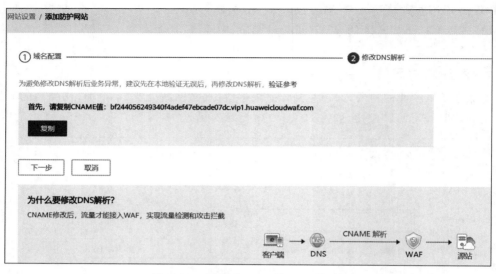

图 10-31　云模式 WAF 的 CNAME 值

3. 修改 DNS 解析

登录域名服务控制台,进入云解析界面的入口,在目标域名所在行的"操作"列,单击"管理解析"链接,进入云解析控制台,在域名列表中找到类型为 A 的记录集,单击操作列的"修改"链接,弹出如图 10-32 所示对话框,将记录类型修改为 CNAME 类型。

(1) 主机记录:在 WAF 中配置的域名,此处取值样例为 www。

(2) 类型:记录集的类型,包括 A、CNAME、MX、AAAA、TXT、SRV、NS、CAA,此处取值样例为"CNAME-将域名指向另外一个域名"。

(3) 线路类型:全网默认。

(4) TTL(秒):一般建议设置为 5 分钟,TTL 值越大,DNS 记录的同步和更新就越慢。

(5) 值:修改为已复制的 WAF CNAME 地址。

(6) 权重:当域名有多条某一类型的解析记录时,根据权重数值选择解析记录,权重数值越高,优先级就越高。权重的取值范围:0～100,默认选择"1"。

完成修改后,单击图 10-32 所示对话框中的"确定"按钮,完成 DNS 解析记录集的修改配置,等待 DNS 解析记录生效。

4. 检查 WAF 网站配置

进入 WAF 控制台,选择左侧导航菜单栏中的"网站设置"菜单,刷新防护网站的接入状态,当状态显示为"已接入"时,如图 10-33 所示,表明 WAF 在云模式下部署成功。用户在本地客户端浏览器的地址栏中输入防护网站的访问域名就能够打开 DVWA 渗透测试平台。

图 10-32　修改 DNS 解析记录

图 10-33　云模式 WAF 部署成功

10.5　WAF 防护测试

10.5.1　Web 基础防护

Web 基础防护覆盖开放 Web 应用安全项目中位居 TOP 10 的常见安全威胁，通过预置丰富的信誉库能够对恶意扫描器、IP、网马等威胁进行有效的检测和拦截。支持 SQL 注入、XSS 跨站脚本、文件包含、目录遍历、敏感文件访问、命令或代码注入、网页木马上传、后门隔离保护、非法 HTTP 请求、第三方漏洞攻击等威胁检测和拦截。

1. 防护 SQL 注入

SQL 注入是指攻击者通过注入恶意的 SQL 命令,破坏 SQL 查询语句的结构,从而达到执行恶意 SQL 语句的目的。SQL 注入漏洞的危害是巨大的,常常会导致整个数据库被"拖库",尽管如此,SQL 注入仍是现在最常见的 Web 漏洞之一。

在本地客户端通过域名打开弹性云服务器上部署的 DVWA 渗透测试平台,应用中有 SQL 注入界面,如图 10-34 所示。DVWA 数据库中有 5 个用户,id 分别是 1~5。构造 SQL 注入语句 jason 'or' 1=1,使 SQL 查询条件恒成立,并在图 10-34 所示的界面中的 User ID 输入框中输入。

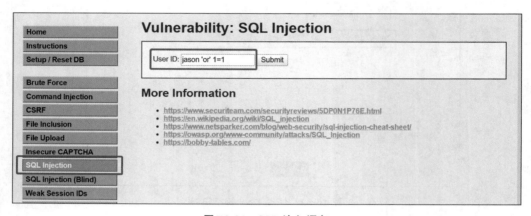

图 10-34　SQL 注入语句

单击图 10-34 所示界面的 Submit 按钮,显示 SQL 注入成功,获得表中全部用户的返回信息,如图 10-35 所示。

此处只讲解最简单的验证,读者可以通过 SQL 注入获得数据库更多信息。

登录 WAF 控制台,单击界面左侧导航菜单栏的"防护策略"菜单,在 WAF 中给 www.tute-cloudservice.top 配置防护策略,单击策略名称链接,在打开的界面中开启 Web 基础防护,模式设为拦截,如图 10-36 所示。

再次通过 DVWA 应用的 SQL 注入界面执行 SQL 注入攻击时,界面会显示 418 的拦截界面,提示请求疑似存在攻击行为,表明 WAF 已经成功拦截 SQL 注入攻击,如图 10-37 所示。

2. 防护 XSS 注入

XSS(Cross Site Scripting,跨站脚本攻击),某种意义上也是一种注入攻击,是指攻击者在界面中注入恶意的脚本代码,当受害者访问该界面时,恶意代码会在其浏览器上执行。XSS 可以分成反射型、存储型和 DOM 3 种类型。

在 DVWA 渗透平台中有 3 个 XSS 注入界面,分别对应 3 种类型,如图 10-38 所示。此处仅仅使用反射型 XSS 作为示例演示 XSS 脚本注入,反射型 XSS 又称为非持久性跨站点脚本攻击,它是最常见的 XSS 类型。

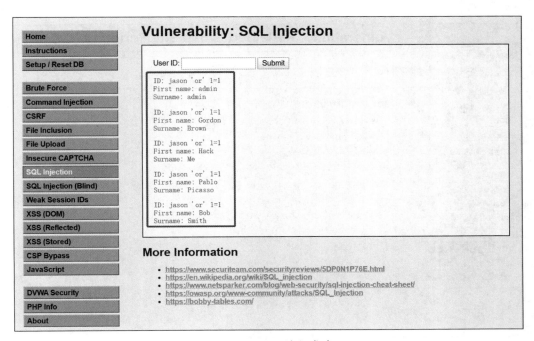

图 10-35　SQL 注入成功

图 10-36　开启 WAF 的 Web 基础防护

图 10-37　SQL 注入被拦截

　　在执行 XSS 攻击之前,先登录到 WAF 控制台,在网站防护策略中关闭 Web 基础防护 (如图 10-39 所示)。然后单击图 10-38 所示界面的 XSS(Reflected)按钮,在界面中的输入 框中输入脚本:＜ script ＞ alert(/xss/)＜/script ＞,然后单击 Submit 按钮,系统成功将弹出 一个警告对话框,如图 10-40 所示。

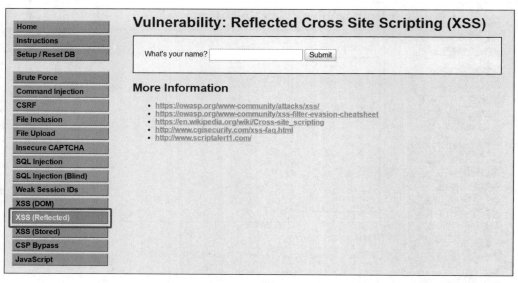

图 10-38　XSS 注入界面

图 10-39　关闭 Web 基础防护

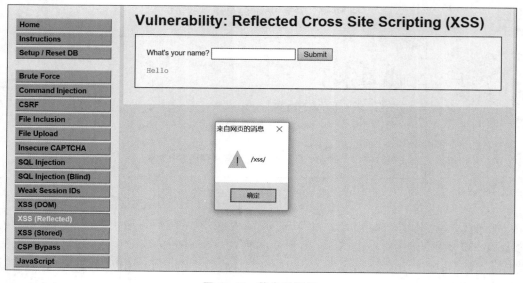

图 10-40　警告对话框

在 WAF 控制台中给所要防护的网站 www.tute-cloudservice.top 配置防护策略,单击策略名称链接,在打开的界面中开启 Web 基础防护,模式设为拦截,然后在本地客户端打开 DVWA 渗透平台,重复执行 XSS 注入操作,在"What's your name?"输入框处输入<script> alert(/xss/)</script>,单击 Submit 按钮返回如图 10-41 所示界面,说明 WAF 已成功拦截了 XSS 注入攻击。

图 10-41　XSS 注入拦截成功

3. 防护扫描器

AWVS(Acunetix Web Vulnerability Scanner)是一款知名的网络漏洞扫描工具,它通过网络爬虫测试网站的安全性,检测流行安全漏洞。AWVS 是自动化应用程序安全测试工具,支持 Windows 平台,主要用于扫描 Web 应用程序上的安全问题,如 SQL 注入、XSS、目录遍历和命令注入等。

AWVS 软件可以通过网络搜索下载,也可以通过本书提供链接下载,完成安装之后的界面如图 10-42 所示。

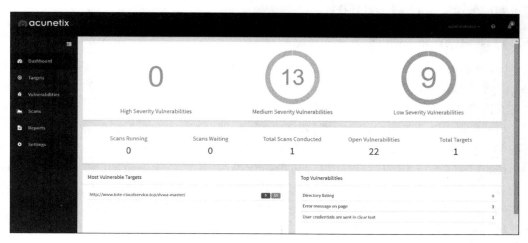

图 10-42　AWVS 主界面

在 AWVS 中,以 www. tute-cloudservice. top/dvwa-master/login. php 作为扫描起始页,进行漏洞扫描。在图 10-42 所示界面中选择 Scans 菜单,在界面中新建扫描,输入扫描目标,然后开启完全扫描。

在 WAF 控制台开启 Web 基础防护,WAF 立刻检测到大量攻击,并进行了拦截。AWVS 扫描器进行了各种类型的扫描,包括 SQL 注入、XSS 攻击和本地文件包含等,这些可以从 WAF 控制台中的"安全概览"界面中查看到攻击事件及统计信息,如图 10-43 所示。

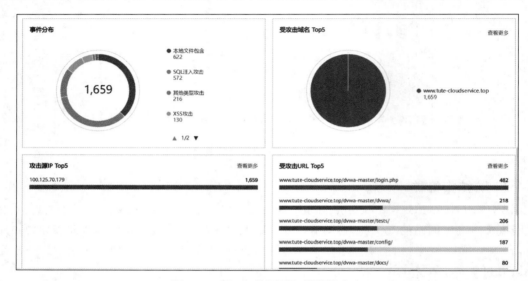

图 10-43　WAF 检测到扫描器的攻击

10.5.2　CC 攻击防护

1. 基于 IP 地址限速

CC 攻击防护根据业务需要,配置防护动作和返回界面内容,有效缓解 CC 攻击(HTTP Flood)带来的业务影响。可以根据 IP 或 Cookie 字段名设置灵活的限速策略,阻断界面可自定义内容和类型,满足业务多样化需要。

(1) 登录 WAF 控制台,在左侧导航菜单栏中,选择"防护策略"选项,在目标域名所在行的"策略名称"列中,单击"策略名称"链接,编辑防护策略。

(2) 配置 CC 攻击防护规则。进入防护配置入口,在"CC 攻击防护"配置框中,用户可根据需要决定是否开启 CC 攻击防护。当开启 CC 防护后,用户可单击"自定义 CC 攻击防护规则"链接,进入 CC 防护规则配置界面,如图 10-44 所示。

(3) 在"CC 防护"规则配置界面左上角,单击"添加规则"按钮。在弹出的对话框中,进行配置 CC 防护规则,如图 10-45 所示,各个配置项说明如下所述。

① 工作模式。包括标准和高级。此处取值样例为"标准"。

图 10-44 开启 CC 攻击防护

② 路径：CC 防护的 URL 链接，不包含域名。不支持正则，仅支持前缀匹配和精准匹配的逻辑。前缀匹配是指以 ＊ 结尾，代表以该路径为前缀，例如，需要防护的路径为 /admin/test.php 或 /adminabc，则路径可以填写为 /admin＊；精准匹配是指需要防护的路径需要与此处填写的路径完全相等，例如，需要防护的路径为 /admin，该规则必须填写为 /admin。此处取值样例为 /＊。

③ 限速模式：选择"IP 限速"选项，根据 IP 区分单个 Web 访问者。

④ 限速频率：单个 Web 访问者在限速周期内可以正常访问的次数，如果超过该访问次数，WAF 服务将暂停该 Web 访问者的访问。此处取值样例为 2 次 20 秒。

⑤ 防护动作：防止误拦截正常用户，包括人机验证、阻断、动态阻断和仅记录。人机验证是指在指定时间内访问超过次数限制后弹出验证码，进行人机验证，完成验证后，请求将不受访问限制；阻断是指在指定时间内访问超过次数限制将直接阻断；仅记录是指在指定时间内访问超过次数限制将只记录不阻断。此处取值样例为"人机验证"。

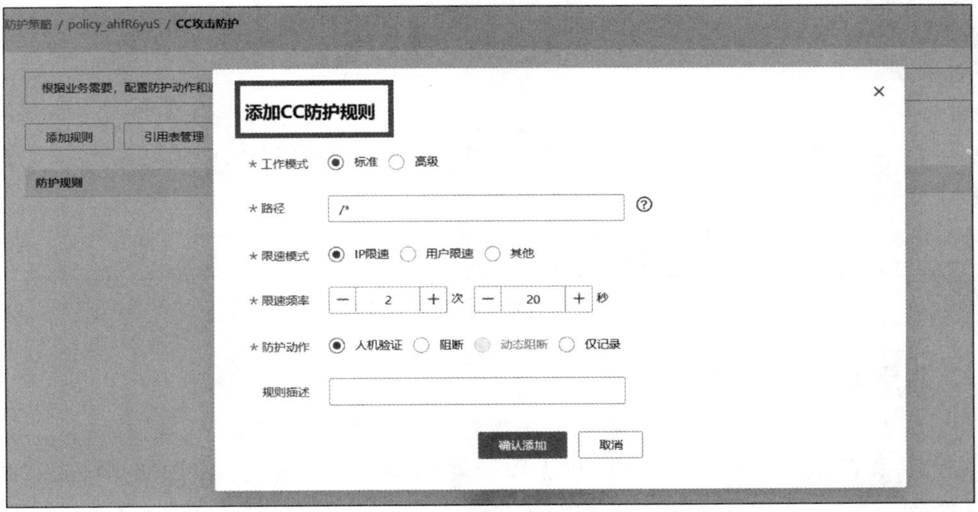

图 10-45 添加 CC 防护规则-IP 限速

（4）验证 CC 攻击防护是否有效。模拟 CC 攻击，访问 www.tute-cloudservice.top/DVWA-master/login.php，连续刷新几次后，需要输入验证码才能继续访问，如图 10-46 所示。

用户可以进入 Web 应用防火墙控制台，通过单击左侧导航菜单栏的"防护事件"菜单查看攻击事件的类型、时间、攻击源 IP 等详细信息，如图 10-47 所示。

图 10-46　验证 CC 攻击防护

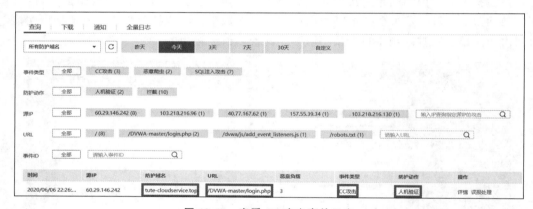

图 10-47　查看 CC 攻击事件日志

2. 基于 Cookie 限速

（1）配置 CC 攻击防护规则。进入防护配置入口，在"CC 攻击防护"配置框中，开启 CC 攻击防护状态，然后单击"自定义 CC 攻击防护规则"链接，进入 CC 防护规则配置界面，如图 10-48 所示。

图 10-48　开启 CC 攻击防护

（2）自定义 CC 攻击防护规则。对整个站点设置 Cookie 字段，Cookie 字段设为 PHPSESSID，20 秒最多访问两次，超过阻断 10 秒，如图 10-49 所示。

图 10-49　自定义 CC 防护规则——用户限速

（3）验证 CC 攻击防护是否有效。在本地客户端浏览器通过域名访问 DVWA 渗透测试平台，在登录界面快速单击多次刷新界面，界面会提示攻击界面，如图 10-50 所示。阻断 10 秒后，又能够打开 DVWA 登录界面。此时进入 Web 应用防火墙控制台，单击左侧导航菜单栏的"防护事件"菜单，能够查看到 CC 攻击事件的详细信息，如图 10-51 所示。

图 10-50　CC 攻击被拦截

10.5.3　黑、白名单设置

1. 开启黑、白名单设置

登录 WAF 控制台，进入防护策略配置入口，在"黑白名单设置"配置框中，用户可根据

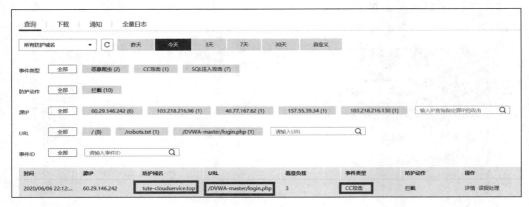

图 10-51　验证 CC 攻击防护

自己的需要更改"状态",单击"黑白名单设置规则",弹出"黑白名单设置"规则配置界面,如图 10-52 所示。

图 10-52　开启黑白名单设置

2. 自定义黑、白名单设置规则

单击图 10-52 所示界面中的"自定义黑白名单设置规则"链接,打开"修改黑白名单设置规则"对话框进行设置,添加始终拦截的 IP 地址(段)称为黑名单,以增加防御的准确性;或者是选择放行的 IP 地址(段)称为白名单,确保访问的正常运行,"防护动作"有"拦截"和"放行"选项,分别设置黑名单和白名单,如图 10-53 所示。

修改黑白名单设置规则

* IP地址或IP地址段　`111.30.252.126`

* 防护动作　`拦截　▼`

攻击惩罚　`无攻击惩罚　▼`

规则描述　`　`

[确定] [取消]

图 10-53　修改"黑白名单设置规则"对话框

10.6　本章小结

Web应用防火墙作为网络安全的案例任务,依托华为云平台,通过对网站业务流量进行全方位检测和防护,智能识别恶意请求特征和防御未知威胁,避免源站被黑客恶意攻击和入侵,防止核心资产遭窃取,为网站业务提供安全保障。读者通过 Web 应用防火墙实训任务操作,获得 Web 应用防火墙的基本配置、应用场景以及性能特征等基础知识,掌握XAMPP 和 DVWA 等渗透环境的基本配置和操作,提高华为云安全运维能力。

本章通过完成 Web 应用防火墙的部署任务,介绍了 WAF 防护用到的域名服务基础知识及配置,重点介绍了部署华为华为云平台 Web 应用防火墙的基本流程和应用场景,包括搭建测试环境,接入 Web 应用防火墙,Web 基础防护,CC 攻击防护和黑、白名单设置等内容。通过搭建渗透测试环境来验证 WAF 网页防护的有效性,主要包括 SQL 注入,XSS 注入,CC 攻击,黑、白名单设置等。

习题

1. Web 应用防火墙的防护原理是什么?
2. 华为云的 WAF 部署模式有哪些? 各自适合的场景是什么?
3. WAF 反向代理的原理是什么?
4. WAF 的 CC 防护是指什么?
5. WAF 的 XSS 防护是指什么?
6. 尝试在 DVMA 平台通过 SQL 注入获得当前数据库名、表名、表中字段数、表中的字段名等信息。

参 考 文 献

[1] 刘鹏. 云计算[M]. 3 版. 北京：电子工业出版社, 2015.

[2] 王伟. 云计算原理与实践[M]. 北京：人民邮电出版社, 2018.

[3] 林伟伟, 彭绍亮. 云计算与大数据技术理论及应用[M]. 北京：清华大学出版社, 2019.

[4] 孙宇熙. 云计算与大数据[M]. 北京：人民邮电出版社, 2016.

[5] 肖胜. 浅谈云服务产业发展趋势[R]. 北京：中国电信股份有限公司研究院, 2020.

[6] 张海宁, 邹佳, 王岩, 等. Harbor 权威指南：容器镜像、Helm Chart 等云原生制品的管理与实践[M]. 北京：电子工业出版社, 2020.